じつは私たち、のおかげで生きています

種麹屋さん
4代目社長が教える、
カラダよろこぶ
発酵と微生物の話

今野 宏
秋田今野商店
代表取締役社長

◎はじめに

食はヒトが生きていくうえで最も重要なものであり、その国の文化、歴史、風土とも深い関わりを持っています。

特に発酵食品はその土地に生まれ、生活した人々が自然と共生しながら、たゆまぬ努力と長い時間をかけて作り出した食品であり、文化遺産でもあります。

私はそのキーとなる微生物「種麹（たねこうじ）」を造る家に生まれ、彼らと長年関わってきました。

これまで微生物の能力については醸造食品や飲料のイメージが先行していましたが、近年のバイオ産業を支える微生物の種類は驚くほど多く、食品のみならず医薬品、化粧品、酵素剤、ビタミン剤、飼料や環境浄化など様々な分野での利用が進んでいます。

また、腸の中に棲（す）んでいる腸内細菌は健康や寿命、心の状態にも深く関与していることが最近わかってきました。

発酵の仕組みがわかってきたのはせいぜい150年ほど前のことですが、いまや微生物が関与しない分野、業界はないほど、我々は彼らの恩恵にあずかっています。微生物は人間が作り出せない物質をつくることで私たちの暮らしを豊かにし、支えているのです。

そしていま現在も、信じられないような超能力を持った微生物が次々と見つかっています。本書ではバイオサイエンスという広い視野で、食料や健康、環境といった生命現象について微生物の持つ多面的な働きと、それに関わる文化を紹介してまいります。

本書は平成22（２０１０）年４月から令和元（２０１９）年３月までの約９年にわたって『読売新聞』秋田版に連載したコラム「温故知新」と、秋田、岩手、宮城３県エリアの地域情報誌『まちねっと』に平成24（２０１２）年７月から平成30（２０１８）年10月まで約６年間連載した「うんちく・どっと・はっこう」に寄せた１５９編の中から選んだ原稿に、新たに加筆・修正したものです。

それでは、目立たなくともその役割は計り知れないほど奥深い、微生物の世界にご案内しましょう。

今野 宏

◎目次

第四章 カビとキノコに感謝したくなる 75

第五章 素晴らしき発酵食品の世界 117

第六章　人と微生物の切っても切れない関係　155

第七章 おいしいよもやま話 205

序章

ミクロの隣人たち

この星の命を育む微生物

私どもは酒を造る「麴菌」をはじめ様々な微生物の種菌を製造する会社で、令和3（2021）年で創業111年になりました。このような会社は日本に数社しかなく、東日本に限定すれば10本の酒のうち7本は私どもの麴菌で造られています。

さて、普通会社の大事な財産は金庫にしまいますが、私どもの場合、同じ「きんこ」でも「菌庫」が何よりも大事です。その菌庫はマイナス85℃の冷凍庫で、中には1万株の菌が眠っています。これらの菌は酒や味噌、醬油、パンやチーズ、薬をつくる菌もあり、私たちの生活に大きな恩恵をもたらしてくれます。しかし、この地球上にはほかにもたくさんのミラクルパワーを持つ微生物が存在します。そんな彼らの驚くべき能力をご紹介していきたいと思います。

彼らは38億年前に地球上に登場しました。38億年前を1月1日として地球カレンダーを作ると、人類が登場したのは12月31日午後11時50分頃になります。人間不在の気の遠くなるような長い時間、彼らはずっと地球の掃除をしてこの星を守ってきたのです。

現在、地球上の動植物による有機物の生産量は年間5000万トンから1兆トンと推察されます。その膨大な量の有機物を微生物の発酵作用で土や水や炭酸ガスなどに分解して、地球の中の生態系が守られているのです。彼らのこのような働きがなければ地球上はたちまち動物や植物の〝遺体〟で埋まってしまい、自然界の物質循環が停止してあらゆる生物体は完全に滅んでしまいます。地上の隅々に生息している微生物の、自然界での発酵作用がいかに大切であるかがおわかりいただけると思います。

菌のお墓「菌塚」

京都洛北の地に曼殊院（まんしゅいん）という寺院があります。私はここを何度か訪れています。京都の大寺院を見慣れた眼にはいかにも簡素なたたずまいの曼殊院ですが、得も言われぬ風格と気品に満ちています。そこには大きく立派な石碑が立っています。菌のお墓「菌塚」です。

菌は目に見えませんが、じつは私たちと最も密接な関わり合いを持つ生物と言えます。役に立つ菌と言って一番に思い浮かぶのは「発酵食品」でしょう。カビや酵母、細菌は古くから人類に利用され、パンやお酒、ビール、ワイン、納豆、調味料やチーズなど様々な発酵食品を生み出し、私たちの生活に大きな恩恵をもたらして

くれます。

しかし、この地球上にはほかにもたくさんのミラクルパワーを持つ微生物が存在しています。有機酸をつくり出したり、抗生物質をつくり出したりするのも微生物です。

微生物は地球に棲む全生物の祖先です。気の遠くなるほどの長い時間をかけて微生物が進化し、植物や動物が生まれてきました。また微生物はほかの生命が地球に生まれやすいような環境を整えてくれた恩人とも言えます。私たち人間は地球上の生命の中でも極めてニューフェイスなのです。人類の歴史は地球カレンダーでは10分にも満たない短い時間です。いかに我々が宇宙規模では小さな存在か痛感させられます。

考えてみれば、人類の生存と生活は微生物に負うところがいかに大きいことか！　我々は微生物の奉仕に感謝する気持ちを忘れてはならないと思います。

菌塚の碑文には次のように記されています。「人類生存に大きく貢献し、犠牲となれる無数億個の菌の霊に対して至心に恭敬して慈（ここ）に供養のまことを捧ぐものなり」

たとえ微生物といえども、人類に恩恵をもたらしそして犠牲となった生物に対して、感恩と供養の念を抱くのは仏心とも言えましょう。しかしそれはむしろ大方の日本人にとって、宗教を超えた自然な心のような気もするのです。

菌を生業にしている私は、この菌塚の前に立ち、物言わぬ小さき命に感謝するとともに微生物との共存共栄を願っているのです。

感動！　菌の数を表す単位

ところで微生物の「微」という字は何を表しているのでしょう。微生物というのは読んで字のごとく、微小な生物のことです。特定の分類群を指す言葉ではなく、ただ微小であるという特徴だけが共通の生物群です。

じつはこの「微」、ちゃんと数字で表すことのできる漢数字の単位の1つなのです。

子供の頃、算数の教科書で大きい数の単位を知って感動しました。億（10の8乗）、兆（10の12乗）、京（10の16乗）……不可思議（10の64乗）、最後の無量大数（10の68乗）は仏教に由来します。その辺に落ちている細かい砂の1粒の直径を1兆倍すると地球より大きくなるなど、多くのたとえ話がありましたね。

一方小さいほうは、「分」（10分の1）、「厘」（100分の1）、「毛」（1000分の1）あたりまでは野球のアベレージなどで使いますが、それ以下はあまり知られていません。もちろん大きい数と同様、実用的ではないからでしょう。

さて「微」ですが、これは100万分の1を表す単位です。長さの場合は1ミリの10

10^{-1}	10^{-2}	10^{-3}	10^{-4}	10^{-5}	10^{-6}	10^{-7}
分（ぶ）	厘（りん）	毛（もう）	糸（し）	忽（こつ）	微（び）	繊（せん）

10^{-8}	10^{-9}	10^{-10}	10^{-11}	10^{-12}	10^{-13}	10^{-14}
沙（しゃ）	塵（じん）	挨（あい）	渺（びょう）	漠（ばく）	模糊（もこ）	逡巡（しゅんじゅん）

10^{-15}	10^{-16}	10^{-17}	10^{-18}	10^{-19}	10^{-20}	10^{-21}
須臾（しゅゆ）	瞬息（しゅんそく）	弾指（だんし）	刹那（せつな）	六徳（りっとく）	虚空（こくう）	清浄（しょうじょう）

命数法

00分の1（ミクロン）と同じですから、いかに小さいかおわかりでしょう。ちょうど麹菌の胞子が5ミクロンくらいですから、5微となるわけです。非常に小さいという意味の「微」という字は、肉眼では見ることができない菌の世界を表す単位にも使われているのです。

　ところでカビは肉眼で見ることができるのに、なぜ微生物と呼ぶのでしょう。じつは私たちが見ているのは一個一個のカビの細胞が集まったものなのです。カビの1細胞は数ミクロンしかありません。単細胞が群体を作っているのがカビなのです。

　江戸時代の数学のベストセラー『塵劫記』（吉田光由著）によると、一番小さい単位は、きれいなものという意味の「清浄」（10のマイナス21乗）です。これは小数点以下にゼロが21も続きます。「刹那」（10のマイナス18乗）は18続きます。「逡巡」（10のマイノス14乗）、「刹那」などは普段の会話などでも使う言葉ですね。「清浄」とは、煩悩や愚行がなく、心身が清らかであることとあります。つまり、全く見えないほど小さいものしかない世界、これ以上きれいにはならない世界を表す言葉なのです。数を表す単位にこめられた先人の見識に深い感動を覚えます。

第一章

麹のことどれだけ知ってますか?

麹の世界へようこそ

平成25（2013）年12月、ユネスコの無形文化遺産に和食の登録が決まりました。和食の特徴には、旬の素材を活かすことや器の美しさ、作法などに加え、多種多様な調味料の存在があります。その原料である麹は米の伝来とともにもたらされました。清酒、味噌、醤油、味醂、米酢、甘酒、鰹節は麹菌なくして成り立ちません。

麹菌は1000年以上にわたる醸造の歴史の変遷を経て完成された、日本の食文化の原点に位置する微生物です。桜が国花、キジが国鳥であるならば、麹菌はまさに国を代表する微生物です。

このような理由から、我が国の食文化の縁の下の力持ちとして「麹菌」は平成18（2006）年、「国菌」に認定されました。

麹菌の胞子は肉眼では見ることができません。その胞子を純粋に培養して販売するという、世界でも類を見ない商

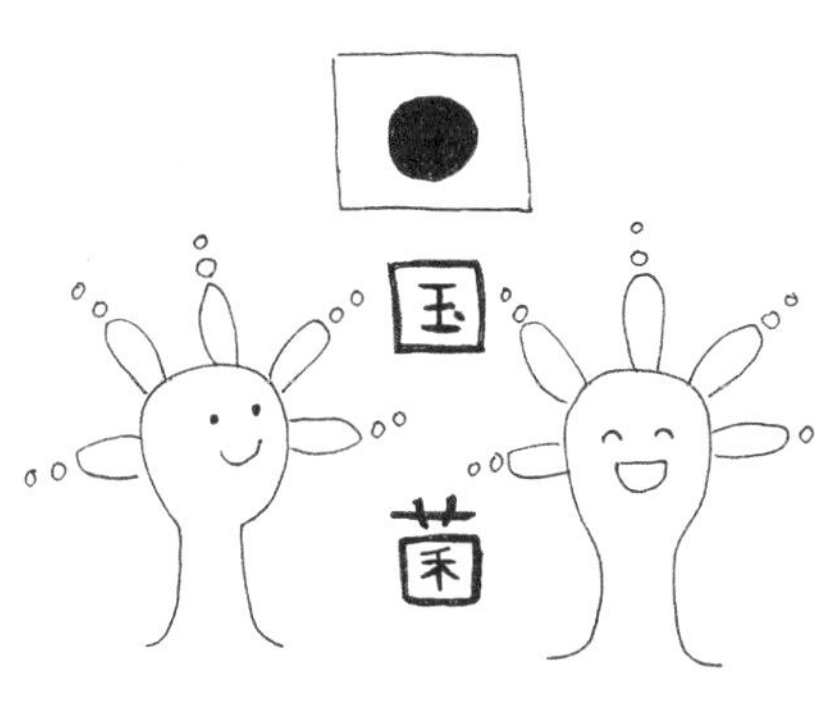

売が日本で誕生しました。「種麴屋」です。私はその種麴屋の4代目に当たります。

世界最古のバイオビジネスと言える種麴屋の存在によって、日本の麴菌は特異な発展を遂げてきました。麴菌を利用する産業は、我が国古来の醸造物や食品の製造に加え、化学物質や医薬品など多岐にわたっています。これらの産業のほとんどは麴菌の生理作用を巧みに利用したものです。

では早速、麴菌の世界をのぞいてみましょう。

「もやし屋」漫画で人気

『もやしもん』という漫画をご存じでしょうか？　主人公は私と同業の種麴屋のせがれ、「菌が見えて菌と話ができる」特殊能力を持った農大生で、作品はそれを取り巻く研究室の仲間たち、そして菌類の織りなす青春物語です。

菌類は様々な形にデフォルメされ、おもしろく、かわいらしいキャラクターとして登場し、人人気となりました。この漫画のおかげで、私どもの仕事も一般の方々、特に中高生に急速に認知され、醸造関係者の間でしか使われていなかった「もやし屋」もいまや注目の職業となりました。

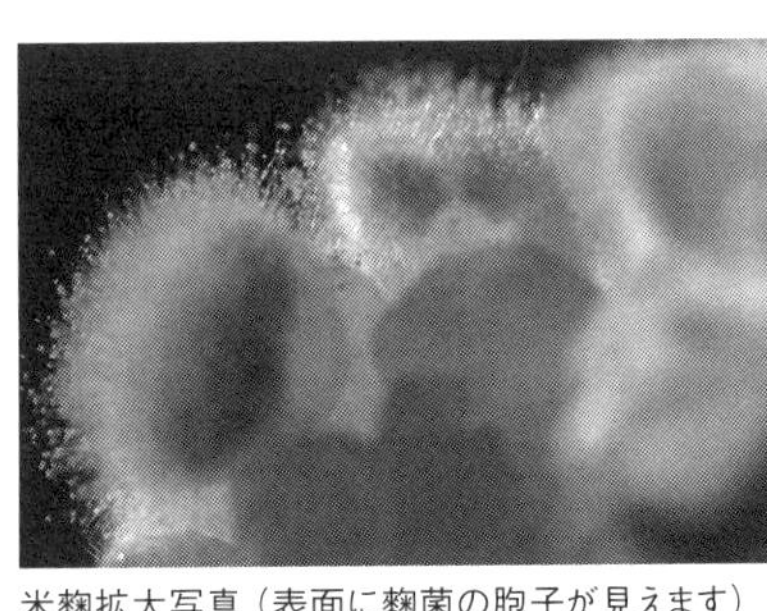

米麹拡大写真（表面に麹菌の胞子が見えます）

さらに、平成20（２００８）年開催された、国立科学博物館の特別展「菌類のふしぎ——きのことカビと仲間たち」はもやし人気に拍車を掛けました。麹と麹カビのように身近にありながらも実物を見たことのない菌類を見に、16万５０００人の入場があったというから驚きです。

「もやし」というと、みなさんはきっと野菜炒めの豆もやしを想像されるでしょうが、醸造関係者の間では昔から麹の種菌のことを「もやし」と呼んでいます。古い書物には「蘖（げつ）」という文字が書かれており、和ことばで「よねのもやし」と言いました。「もやし」は萌（も）える、つまり芽が出るの意味があり、芽吹く姿から「もやす」→「もやし」になったという説があります。

発酵食品の歴史は古いのですが、種麹の製造販売が行われるようになったのは比較的新しく、明治に入ってからと言われています。それまでは13世紀初期頃に、麹商人によって酒屋とは全く別の独立的な産業パターンとして出現しました。麹造りには特殊な技能を必要とし、一種の秘伝として受け継がれてきました。

麹は酒ばかりか、味噌、醤油、甘酒、酢などの醸造には不可欠なものだけに、その製造販売の独占権が得られ、しかも公家、社寺などの権力者と結び付けばその利益は大きく、麴座を巡って平安時代後期から室町時代にかけて、紛争がたびたび起こりました。

その頃の種麴は、前回使用した麴をさらに熟成させたものを混合して使う友種（ともだね）が主流でした。明治に入り近代微生物学が日本にも導入され、私どもの創業者、今野清治は当時まで非常に原始的であった種麴造りに新しい技術を導入しました。

今野もやし創業者、今野清治は私の大叔父です。もともと今野家の家業は清酒・醬油醸造業でした。清治は大阪高等工業学校醸造科（現・大阪大学工学部）第4期生として近代微生物学を学びました。そして明治38年に卒業したのち、醬油麴菌の純粋培養に着手し、次々に優良麴菌を発見していきました。

清治が行った育種の方法は単細胞分離です。まず粘性のあるグリセリン入りの殺菌水に薄めた麴菌胞子を入れ、スライドガラスの上に落とします。それを顕微鏡で見ながらたった1粒の胞子だけを先端のとがった濾紙（ろし）で吸い取り、その濾紙ごと培養するというものです。

やがてたった1粒の胞子は発芽して麴菌は増えていきます。1粒から発生した米麴を作ってその酵素を測定し、選びに選び抜かれた優秀な1個の胞子を元菌として、培養を繰り返していくという気の遠くなるような地道な作業を行ったのです。

三角フラスコ（右）と原菌培養用の今野フラスコ（左）

また、清治は「今野フラスコ」と呼ばれる特注のフラスコも考案しました。胞子の着生面積を稼ぐため、通常のフラスコより底面積が広い正三角錐に近い原菌培養専用フラスコです。

清治はこれらの技法を駆使して選抜・純粋化された種麴を今野菌として希望者に惜しみなく頒布していきました。この菌がまさに「今野もやし」のスタートになり急成長していったのです。

謎多き麴菌のルーツ

最初の日本酒が一体いつ頃どこで誰によって作られたかについては分かっていません。

もっとも原始的な酒は原料の米を口で嚙んで作ったと考えられています。澱粉を持つ食物を口に入れて嚙むことで、唾液中のアミラーゼが澱粉を糖化させます。それを吐き出して溜めておくと、野生酵母が糖を発酵してアルコールを生成します。これが口嚙みの酒です。

今日の「酒を醸す」の語源は「嚙むす」に由来すると言われています。口嚙み法に代わって登場した麴菌を使う酒造りはいったいどんなきっかけで発明されたのでしょうか。

そもそもアジア各国にはカビを使った酒が多くありますが、使われる麴の形状はそれぞれ異なります。大陸の麴は原料に麦、高粱(コーリャン)など比較的蛋白(たんぱく)含量の多い穀物を使い、それを粉にして、蒸すことなく生の粉に水を加え練って丸め、餅型や煎餅型に成形し、複数のカビを自然繁殖させた後、乾燥させたもので、餅麴(へいきく)と呼ばれています。

一方で我が国の麴だけは、穀物を蒸して一粒一粒に麴菌を繁殖させた散麴(ばらこうじ)を用いています。

各民族の酒の製造法はその主食の加工法と一致することが多く、ご飯を食べる粒食の国日本は散麴を原料とした酒が発展し、粉食(麵や饅頭、包子)主体の大陸では、餅麴の酒が発展したと考えられます。

この双方の麴に繁殖するカビにも決定的な違いがあります。餅麴はクモノスカビやケカビが主要なカビですが、散麴には麴菌だけが繁殖するのです。その理由は蒸し米では蛋白質が熱で変性して酵素作用を受けにくくなるので、蛋白分解力の弱いクモノスカビは増殖が著しく低下するからです。その反面、蛋白質分解力の強い麴菌は容易に繁殖しやすいので散麴になるのです。

このことから発酵食品全体を見渡すと、日本はカビを使う点では大陸からその技法を学んだかもしれませんが、散麴を使うという製造法には、日本人の独創性を見ることができます。

稲の渡来は紀元前6~8世紀頃と言われていますが、醸造適性の優れた麴菌は800年前には既に存在したと言われています。しかしこの麴菌、もともとはどこにいたものだったのでしょうか。

現在利用されている醸造用麴菌は、日本人が長年にわたり系統選抜を繰り返して確立した「栽培品種」と言っていいでしょう。しかし、初期の麴は自然界から混入してくる野生の麴菌を利用していたものと考えられます。

明治時代初期の日本酒に関する文献には、稲の穂に付く黒色の玉(稲こうじ)を水田から採ってきて種麴にしたという記述があります。稲こうじは麴菌とは全く異なる属のカビですが、水田からそれを採ってきて木灰を加えて、半年ほど置いた後に麴の元種として使ったというものです。

東京農業大学の小泉武夫氏らは稲こうじに、種麴を製造する際に使用する木灰を混ぜて、稲こうじ菌「クラビセップス　ビレンス」のほかに麴菌を単離しています。これはアルカリ性環境のほうが麴菌を純粋に単離しやすいからです。

稲こうじ菌は蛋白分解力が弱いため蒸し米には繁殖が困難なので、たまたま共存していた麴菌「アスペルギルス　オリゼ」が繁殖して米麴となることを明かしています。

一方、麴菌に極近縁の「アスペルギルス　フラブス」は我が国の温暖地域以南で土壌や穀物などから出てきますが、この麴菌はカビ毒を生産することが知られ、形態的にも違いが認められることから、麴菌の祖先候補の1つですが、野生の麴菌でないことは確かです。

はたして、麴菌の野生株は現在も自然界に存在するのか。既に消滅してしまったのか。それともまったく異なった姿で隠れているのか。国菌である麴菌にはまだまだ謎が多いのです。


【追補】

令和2（2020）年に岩手県工業技術センターの佐藤稔英、米倉裕一両氏が稲こうじに木灰を混ぜて一定期間放置した後に醸造適正の優れた麴菌「アスペルギルス　オリゼ」の複数株単離に成功し、これは実用化されています。

稲こうじ菌と麴菌は分類学上明らかに異なる菌なので、稲こうじ菌が麴菌になることはあり得ませんが、種麴屋が昔から使っている秘伝の木灰を、麴菌を単離する際に用いることによって単離効率、濃縮効率を著しく上げているのかもしれません。

稲こうじとは

稲の生育は気候に大きく左右されますが、稲には「適期刈り」というのがあるそうです。出穂後45日経ち、毎日の平均気温を足して1000℃に達した時、そして稲穂の九割以上が黄金色になり、枝分かれした稲の5番目が黄色くなった時、それが稲刈りの適期だと、おいしい米づくりをしている友人が話していました。

収穫間近になると毎日稲の様子を見て、刈り取り時期を見極めるのだそうです。愛情と手間の掛かったお米はおいしいですね。

この友人から「稲こうじ」について聞かれました。稲こうじとは稲こうじ病のことで、稲の籾に病粒である黒い塊をつくります。一般に低温、日照不足、多雨などの条件で多発するようです。

稲こうじ病の病粒は黒穂病と外見は似ていますが、黒穂病の原因菌「ティレティア　バークレイアーナ」がキノコ（担子菌）の仲間であるのに対し、稲こうじ病は稲こうじ菌「クラビセップス　ビレンス」というカビ（子のう菌）に感染して発病します。

稲こうじ

稲こうじ菌はとても硬い黒い胞子の塊をつくるので、発病後に薬剤を散布しても効果はありません。指でピンとはじくと胞子がぱっと散ります。

稲こうじ菌は、ウスチロキシンというカビ毒をつくるため人体には有害です。

友人は、「稲こうじ」という名称から稲こうじが麴菌のルーツで、酒や味噌、醤油に使う麴菌の野生種と思っていたようです。たしかに以前はそう考えられたこともありましたが現在では遺伝子解析も進み、稲こうじ菌と醸造用の麴菌は全く関係がないことが知られています。

「天然」「自然」という言葉を安全安心と安易に結びつける風潮がありますが、こと人の口に入るカビについては天然起源の場合は要注意です。カビの中にはカビ毒をつくる野生のカビがたくさん生息しているからです。

悪魔の双子

長い歴史の中で、人間は野生の動物を家畜化し利用してきました。猪を豚に、鴨をアヒルに、狼を犬にというように。植物も野生の稲や麦を、栽培しやすいように品種改良をしてきました。微生物もまた同じです。

微生物には人間と同じように苗字と名前があります。苗字に当たる属名をラテン語で最初に表示し、その後に名前に相当する種名がきます。麹菌の場合、苗字（属名）はアスペルギルスで、名前（種名）がオリゼです。

日本醸造学会では醸造に用いられる麹菌と野生の麹カビを明確に分けています。平成17（2005）年、麹菌の遺伝子解析により、長い間謎であった進化の過程が明らかになりました。

醸造に使われる麹菌「アスペルギルス　オリゼ」は野生のカビ毒を作る麹カビ「アスペルギルス　フラブス」を祖先とし、醸造用麹菌に進化していったのです。それはたった1％の遺伝情報の違いによるものです。よって欧米の菌学者たちはこの関係をデビルツイン、すなわち悪魔の双子と呼びます。片方が天使で片方が悪魔の「双子」です。

このカビ毒をつくる双子の片割れ、野生のフラブスにも毒をつくらなければならない事情があります。どんな生物でも身を守る必要に迫られる時があります。外敵に襲われた時、猪であれば牙を武器にして身を守ります。

フラブスにとってその牙がカビ毒だったのです。やがて猪が家畜化され人に守られるよ

うになると、牙は必要なくなり豚になりました。同様にフラブスも長い歴史の中で、蒸し米というとても栄養豊かな環境下で生育することで外敵から身を守る必要がなくなり、毒をつくり出す能力を完全に失い、無毒なオリゼに変化していったのだと考えられています。

【追補】

東京工業大学の山田拓司、渡来直生両氏は「ぐるなび」との共同研究で国内の5社の種麹屋から収集した麹菌「アスペルギルス　オリゼ」82株の大規模な遺伝情報の比較を行い、その結果を令和元（2019）年11月に英文誌『DNAリサーチ』に発表しました。その中で「人間による麹菌の家畜化と麹菌のゲノム進化の関係性」について仮説を提唱しています。

麹菌アスペルギルス　オリゼは長らくオス・メスのない無性生殖のみを行うと考えられてきましたが、全遺伝子情報の解析の結果、アスペルギルス　オリゼにはオス・メスが現存しないものの、かつて存在していただろう祖先株間で、複数の有性生殖が起こっていたことが明らかになりました。一方、人間による麹菌の家畜化の過程では有性生殖は起こらず、発酵特性に関わる一部の遺伝子変異の集中が起こっている可能性を明らかにしました。いままでの学説とは異なる新たな仮説です。

有用なカビ、見事に峻別(しゅんべつ)

麹菌（アスペルギルス）というと有用なイメージがあります。ところがじつは〝良い子〟は少なく、酒、味噌、醤油、味醂、漬物などに使われる黄麹菌、焼酎に使われる焼酎用麹菌（白麹・黒麹）、一部の醤油に使われる醤油用麹菌の3つがその代表格です。

〝悪い子〟たちをのぞいてみると、その代表と言えば、肺炎を引き起こして命取りになることもある「アスペルギルス　フミガタス」と、強力なカビ毒をつくる「アスペルギルスフラブス」でしょう。こう書くと非常に怖いカビのように聞こえますが、普段はいたっておとなしいカビです。

もともとアスペルギルスは世界中どこにでも生息しているありふれたカビなのです。我々は呼吸とともにアスペルギルスの胞子も吸い込んでいますが、気管や気管支粘膜に生えている繊毛が上下運動して小さな胞子を排出し、しぶとく残った胞子でさえ細胞のまわりのマクロファージという白血球に阻まれてしまいます。

ただし、重い病気などで体力が極端に落ちている時に彼らは悪さをします。その結果、肺の中にカビが繁殖してしまい、死に至るのです。第五福竜丸事件をご存じでしょうか。アメリカがビキニ環礁で行った水爆実験に巻き込まれた日本のマグロ漁船が、死の灰を浴びた事件です。重い放射能障害で免疫力が低下した船員の肝臓に、このアスペルギルス フミガタスが取り付いて命を落としてしまったのです。

もう1つの悪い子アスペルギルス フラブスはどんな子でしょうか。1960年、英国でクリスマス用に飼育していた七面鳥が数十万羽も死ぬというショッキングな事件が発生しました。鳥インフルエンザではありません。X病と呼ばれたこの謎の病気の正体は、飼料のピーナツの中に生えていたアスペルギルス フラブスの仕業と判明したのです。

この毒素がアフラトキシンと呼ばれるようになったのはこの菌名に由来します。アフラトキシンは強力な発癌(がん)性を備えていて、人の肝癌の原因物質の1つに数えられるようになりました。

我が国ではこれらの有害なアスペルギルスの菌種と伝統的に利用してきたアスペルギルスとを見事なまでに峻別してきました。何百年も前にどのような方法でこの安全性の高い有用な菌種や菌株が選び出されたのか大いに興味が持たれるところです。

分類始まった不完全菌

いまやどこの町でもゴミの分別回収が行われています。ただ町によっては分別の方法が違うので、引っ越してきたばかりの人は戸惑うこともあります。じつはカビの世界でも同じようなことが起きているのです。

カビは鞭毛（べんもう）菌、接合菌、子のう菌、担子菌、不完全菌の5種類に分けられます。この中で不完全菌などと不名誉な名前の付いているこのカビは、オス・メスで結婚相手が見つけられないカビ、つまり有性生殖がまだ見つかっていないカビです。

カビの分類は有性生殖の方法によって分けられているので、そこからはみ出るものがあっては困るのですが、無視するわけにもいきません。

とりあえず放り込んでおける場所として設けたのが、この不完全菌という分類です。言うなれば「ゴミ箱」に近い意味があります。有性生殖をすることが確かめられれば初めてそのカビはゴミ箱（不完全菌）から拾い上げられ、該当するほかの4つの分類のどれかに移され、名前も新しく付けられるのです。

でもゴミ箱といっても馬鹿にしてはいけません。この不完全菌に属するカビは1万7000種にも及ぶのです。あまりに多いので、胞子の型や出来方などにより、分類することになりました。いままでまとめてゴミ箱に入れられていた物を、これはビン、これは缶、これはペットボトルというようにきちんと分類するようになったわけです。

このゴミ箱の中には日本の醸造に欠かせない麴菌もあります。日本の食文化を支える日本を代表する「国菌」ですが、有性生殖が見つかっていないのです。オス・メスの出合いのチャンスがないカビの仲間で、まだまだ謎の多い菌なのです。

発酵産業を支える「ミクロの巨人」

由緒正しい家系を誇る一族にも、1人や2人面汚し的な存在がいるものです。反対にどうしようもない一家に突然変異のように出来のいいのが出てくることもあります。カビの世界も同じことで、同じファミリーの中でもピンからキリまでいろいろなのがいます。

カビの仲間はこの地球上に9万7千種ほど知られており、麹菌「アスペルギルス」のファミリーは分類学者によって意見が分かれるところですが、だいたい70種ほど知られています。アスペルギルスとはラテン語で「小さなブラシ」という意味で、顕微鏡をのぞくと胞子の付いているさまがまるで宗教儀式に使われるブラシのように見えることからこの名前が付けられました。

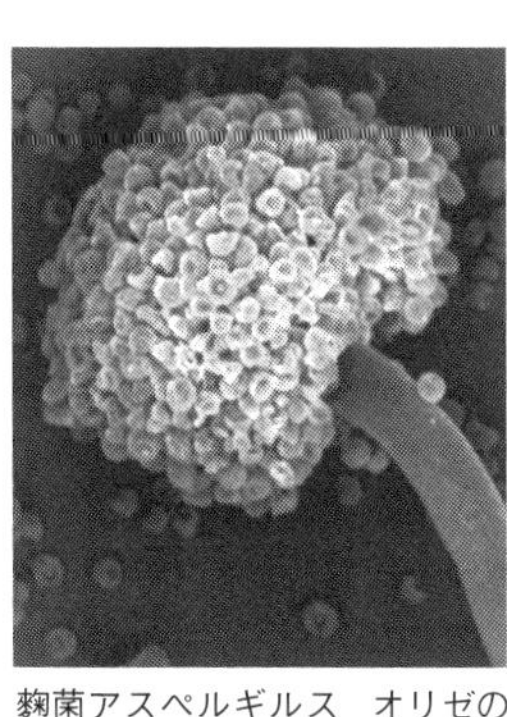

麹菌アスペルギルス　オリゼの電子顕微鏡写真

その中で日本の醸造に使われる菌は酒、味噌、醤油、味醂、漬物などに使われる黄麹菌、焼酎に使われる焼酎麹菌、一部の醤油に使われる醤油麹菌のわずか３種類です。いわばアスペルギルス家の良い子の代表格です。

この麹菌……どのぐらいの大きさかというと、胞子は直径５ミクロン、針の穴に１００個並びます。１グラムで１００億個という目に見えないサイズです。麹を造るには蒸し米に胞子を散布するのですが、１粒の米の表面積を野球場のホームベースからライト、レフトの定位置を結んだ三角形の大きさに譬(たと)えると、ちょうどボールの大きさが胞子の大きさに相当します。この面積に２０００個のボールが散らばった様子が麹を造る際の散布量（使用量）に当たります。胞子の大きさのイメージができたでしょうか。この小さな小さな胞子が日本の発酵産業を支えているのです。いわばミクロの巨人です。

この麹菌は自己増殖能力がありますから、蒸し米の上に付着すると30分もしないうちに発芽が始まり、菌糸を伸ばしていく途中でどんどん酵素を体の外に出します。ちょうど人の発汗のようなものです。この汗（酵素）が米の澱粉(でんぷん)質を分解しブドウ糖をつくるのです。そして２日もすれば立派な米麹が出来上がります。

身近なところでは酵素入り洗剤がありますが、それにも麹菌のつくる脂肪分解酵素が含まれています。そのため油汚れなどをきれいにすることができるのです。麹菌はつくらない酵素がないとまで言われ、「酵素の宝庫」とも評されています。これだけたくさんの力ビの中から、日本人は特定の麴菌を見出したのですから驚きに値します。

麴造りを支えた天然スギ

繊細な味と香りが求められる吟醸酒や大吟醸の品質を大きく左右するのが麴です。この「麴造り」は高度な技術を有する杜氏（とうじ）でさえ、安定的に造ることが難しいものです。名杜氏は必ずと言っていいほど麴造りに麴蓋（こうじぶた）と呼ばれる道具を使います。

麴蓋に盛り込まれた米麴

麴蓋は縦45センチ×横30センチ×深さ5センチほどの木製の麴を育てる器で、スギの正目で作られています。ここにだいたい1升（約1・5キロ）の米麴が入ります。ヒノキやヒバだと抗菌作用が強く麴菌が育ちにくいため、麴蓋には昔からスギ材が使われてきました。

特に天然秋田杉の木目は年輪が1ミリと細かく揃っているのが特徴で、赤みを帯びた木肌はやわらかく加工しやすいため割木職人に好まれます。

底板は縞々でザラザラしています。麴蓋は天然スギを割って作るので自然のデコボコがあり、目と目の間に微小な溝が形成されます。このデコボコのおかげで通気性が良くなり、麹菌が活発に活動し、米に麹の花を咲かせることができるのです。プラスチックや金属製の容器では、そのような物理的なデコボコ構造が作れないため優良な麹が出来ないのです。

麹は国字では「糀」と書きます。これはまさにこの状態を文字にしたものだったのです。スギは伐採されても死んでしまうわけではありません。樹は呼吸し外気と麹蓋内部との水分の調整もしてくれますから、生きていると言えます。

菌糸は水分が多い方向へ伸びる性質があるため麹表面よりも内部に向かって伸長し、結果的に優良な麹の代名詞である「ツキハゼ麹」が出来るのです。「ツキハゼ麹」は蒸し米表面に斑点状に菌糸が白く盛り上がり、菌糸が蒸し米の中心に向かって食い込んでいる麹を言います。出来たばかりの麹はまるで焼き栗のような香りがします。

秋田県は麹を多用する発酵の国です。それを支えた麹蓋こそ発酵文化の陰の立役者と言えます。麹蓋は天然秋田杉の特性を知り尽くした割木職人によって作り出された天下の逸品なのです。

しかし林野庁東北森林管理局の決定により、平成24（２０１２）年末で天然秋田杉の供給が終了しました。平成25（２０１３）年から人工林スギの供給です。銘醸家が挙って求めたあの赤みを帯びた微妙な風合いの麴蓋が消えることで、発酵の国・秋田の技の消失につながるのではないかと心配しています。

海を渡った偉人に思う

ニューヨークのブロンクスにあるウッドローン墓地を訪ねてきました。東京ドーム１５２個分の広さを誇る巨大墓地公園に30万人が眠っています。私がここを訪れたのは２人の日本人の墓参りをするためでした。１人は野口英世、そしてもう１人は高峰譲吉です。

野口英世は24歳で渡米し多くの病原菌を発見した不屈の精神と努力の人ですが、アフリカで黄熱病の研究中に51歳で病死しました。彼の業績は高く評価され、ノーベル賞に３回もノミネートされています。

黄熱病は伝染病ですから本来なら野口の遺体は現地で火葬されるはずでしたが、彼の棺桶はハンダで密閉されアメリカ本土に送られました。彼が所属していたロックフェラー財団のはからいで、棺を開けることなくウッドローン墓地に土葬されたといいます。

彼は小児麻痺や狂犬病、黄熱病の病原体を細菌だと思い込んでいたようですが、その実体は細菌よりもっともっと小さい、光学顕微鏡では見えないサイズのウイルスでした。電

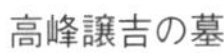

高峰譲吉の墓

野口英世の墓

子顕微鏡が発明されたのが１９３１年ですから、まだその病原体であるウイルスを見ることができなかったのです。野口の墓はお握りのような形をした天然石で、埋め込まれた銅版には彼の業績が刻み込まれていました。

もう１人の高峰譲吉は、黒船来航の翌年（１８５４年）に富山県高岡市で生まれました。彼の名前をとった「タカジアスターゼ」はいまでもよく消化酵素剤として使われているのでご存じの方も多いでしょう。

麹菌は自ら増殖していく際に、体の外にたくさんの酵素を分泌していく特徴があります。麹菌が体外に出した、いわば汗を集めて粉体状にしたものが酵素です。麹菌は酵素の宝庫と呼ばれて多くの産業に利用されており、私たちの日常生活にはなくてはならない必需品となっています。

高峰は当初、麹を麦芽（モルト）の代わりにウイスキー製造に利用することを考え、イリノイ州ピオリアで麹造り工程をビールとウイスキー生産に向けて改良していきました。モルトより安価で澱粉糖化率の良い麹を使う方法を考案したのです。しかし、米国のモルト製造業者による放火により蒸留所は全焼してしまいました。失意の中、彼は別の方法で麹をビジネスに結びつけました。麹のつくる酵素を取り出して、タカジアスターゼを消化剤として売り出し大成功を収めたのでした。この時に開発された酵素の製造方法は、現在も脈々と受け継がれています。

タカジアスターゼが世界の酵素化学、ひいては生化学全体の発展に果たした貢献は計り知れないものがあります。そしてこれが今日隆盛を見ている酵素工業の先駆けともなりました。巨万の富を手に入れ勢いに乗った高峰はその後、アドレナリンを発見しました。

高峰は伝統の技を近代産業に結びつけた人として米国バイオテクノロジーの父と呼ばれています。日本では製薬会社の三共（現・第一三共株式会社）の創設者としても知られています。高峰の墓は四畳半ほどもある大きな石室で、青い空と富士山を描いたステンドグラスがはめ込まれ、そこに当たった光が中に美しい虹を作っていました。

いまから100年以上も前に海を渡り、苦労の末に偉業を成し遂げた先人に、改めて尊敬の念を抱いた墓参でした。

江戸時代の栄養ドリンク剤「甘酒」

発酵によって飛躍的にその栄養価や生理機能性が向上するのが麹の特徴です。麹は蒸した穀物に麹菌を繁殖させた発酵食品です。麹があったからこそ、日本の食文化は特徴付けられたと言えます。麹の存在なくして日本の食文化は語れないと言っても過言ではないのです。

麹に蒸し米と水を加え温めると（正確には55℃で糖化すると）甘酒になります。江戸時代、甘酒は夏バテに効くと頻繁に飲まれていたようです。甘酒はなんと驚くことに、俳句の夏の季語なんです。

麹で作った甘酒（酒粕を溶かして作る甘酒とは異なります）を分析してみると、おもしろいことがわかります。麹菌の酵素が米の澱粉を分解しブドウ糖量が20%を超えるうえ、米の蛋白質を分解してたくさんの必須アミノ酸が生産されるのです。さらにはビタミンB1、

B_2、B_6、パントテン酸、ビオチンなどの重要不可欠なビタミンを多量に生産していることがわかっています。米麹の成分が甘酒の液体部に徐々に溶け出していき、あの甘くて独特の香りを持つ甘酒になるのです。酒とは言いますが、アルコールは全く含まれません。

江戸時代の平均寿命は50歳に満たないうえ、エアコンなどはない時代です。当時の質素な食生活では体力もそんなにないわけで、暑さに勝てない老人や病弱者が多数亡くなったようです。暑さの厳しい時、甘酒の一杯は消耗した体にいかに効果があったことか……。甘酒はいわば江戸時代の総合栄養剤、まさに今風の〝ファイト一発〟のような存在だったんですね。

驚異の麹パワー

麹の中には、人の体の機能を高める役割を持つ生理活性物質がたくさん含まれています。このため麹を使う発酵食品は体に良いのです。例えば毎日味噌汁を飲んでいる人は、飲んでいない人と比べて胃癌や食道癌の発生率が低いとか、甘酒に抗肥満効果や血圧抑制効果、健忘症抑制効果があるとか、酒粕には糖尿病の予防効果や美白、美肌効果があるなどたくさんの事例が知られています。麹はつくらない酵素がないというほど多種多様な酵素をつくります。麹のつくる酵素が原料素材の栄養価や旨味を高めるだけでなく、本来原料が持ち得なかった機能性をも生んでいるのです。

「強力わかもと」は昭和11（1936）年に麹菌の培養物を配合した胃腸薬として登場しました。わかもととは良いネーミングですね。麹は必須アミノ酸が豊富に含まれる若さの源そのものです。わかもと製薬株式会社は、実に76年以上も前から麹菌を医薬品に利用してきました。お手元にある市販の胃腸薬の説明書を見てください。必ずと言っていいほどアミラーゼ（澱粉分解酵素）とか、プロテアーゼ（蛋白分解酵素）とか、リパーゼ（脂肪分解酵素）とか、これらを総称したジアスターゼといった消化酵素が添加されています。

これらの酵素の多くが麹から抽出されたもので、弱った胃に代わって食べ物を分解し、栄養成分を体内に吸収される形に変える働きをしてくれるのです。さらに吸収された栄養素を体の各細胞に届けて有効に働かせる手助けや、毒素を尿とともに排出させるなど生命活動の重要な役割も担っています。まさに現代版、飲む点滴と言ってもいいでしょう。

麹は長い食習慣を通してその安全性が証明されています。安心して体のためにどんどん食べて飲んで、元気な毎日をお過ごしください。

素晴らしいダシ

日本料理の素晴らしさは味噌、醤油、味醂、清酒といった麴菌のもたらしてくれる恵みによるところが大きく、これを上手に使いこなし日本料理の要である「ダシ」を作ります。この「ダシ」に重要な役割を果たすのが旨味を引き立てる鰹節です。鰹節には魚体を三枚におろして茹で干した「なまり節」、それを薫煙した「荒節」、さらにカビを付けた「枯節」があります。

その原型は『延喜式』に見られる「堅魚」という品ですが、延宝2（1674）年に燻蒸法が考案され、さらに近世になりその燻蒸堅魚に麴菌の仲間の「ユーロチウム」というカビを繁殖させる方法が発明されました。高級な枯節の表面にはこのカビが繁殖しています。表面が粉っぽく見えますが、それがユーロチウムの菌体です。通常、酒、味噌、醤油などに使われる麴菌にはオス・メスがありませんが、鰹節の麴菌はオス・メスのある有性生殖をする珍しい麴菌の仲間です。

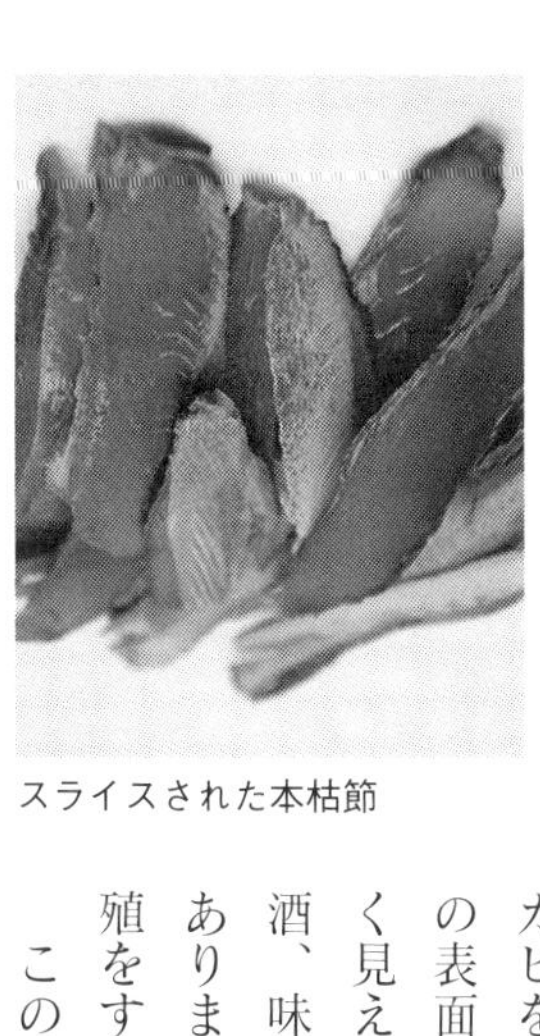

スライスされた本枯節

この麴菌……鰹節の内部から水分を吸い上げ、ついには世界一硬い食品をつくってしまいます。さらに特有の燻香を穏やかにし、脂肪を分解し、酸化を防止します。そして何よりも大きな役割が、この麹菌の酵素で旨味の主体となるアミノ酸や核酸を驚くほどつくり出すことです。

鰹節の旨味の主体はイノシン酸です。イノシン酸は魚が生きている時は肉の中にわずかしか含まれませんが、死ぬと猛スピードで増えていきます。もう1つダシに欠かせない昆布の旨味成分はグルタミン酸ですが、このグルタミン酸単独の旨味の強さを100とすると、そこにイノシン酸を5%加えただけで、旨味の強さはなんと6倍にも高まるのです。

それぞれ単独の時よりもこれらを一緒にすると相乗効果が表れ、ずっと強い旨味が出ます。これが「合わせダシ」です。こんな技を400年以上も前から料理人たちは知っていたのです。

麹造りが拓く未来

麹菌の産業利用における主な役割は多種多様な酵素をつくることにあります。そのためには主に2つの培養方法があります。1つは米麹や麦麹のように穀物の粒に麹菌を繁殖させる日本特有の穀物粒培養です。もう1つは栄養分の多く含んだ液体の中で空気を送りながら麴菌を培養する液体培養です。

本来カビにとっては液体の中より穀物や植物の上で生育するのが自然で、その培養法こそがカビの機能を最大限に生かせる方法と言えます。醸造から生まれた麴造りの技術です。最近この日本特有の方法で培養された麴菌の仲間のカビたちが、抗ウイルス物質や抗菌物質、生理活性物質をつくる事実がたくさん報告されています。面白いことにこれらの物質は培養温度を上げたり水分活性を下げたりする限定された条件でないとこれらの物質をつくりません。おそらくこのような遺伝子はストレスによって誘導されるのではないかと考えられます。

満たされた何不足ない条件ではこの遺伝子は発現することなく、ある種の緊急事態にしか対応しないのでしょう。この麴造りの手法をもってすればさらに多くのユニークな生理活性物質を探し出せるに違いありません。

今後、醸造から生まれた麴造りの技術は世界的に醸造以外の様々な分野で大いにもてはやされることは間違いないでしょう。この古めかしい技術が日本の誇るべき技術として世界に出ていく大きなチャンスでもあるのです。「温故知新」が「温故創新」につながる契機になると思っています。

「微生物にお願いすればかなえられる」「優れた酒を持つ民は進んだ文化の持ち主である」

とは我が国応用微生物学の祖、坂口謹一郎先生の言葉ですが、まさに言い得て妙だと感ずるこの頃です。

第二章

味噌と醤油のパワーを再認識

味噌が秘める予防効果

味噌には様々な生理調整機能があることが知られており、昔から「寒にねぎ味噌を食べると風邪をひかない」とか、「味噌はタバコの毒を抜く」といった言い伝えがあります。

一時は塩分の摂り過ぎは高血圧の一因になるなどとして、敬遠する人たちもいました。しかし何事も過剰摂取をしなければ問題はなく、それ以上に味噌の持つ良い点が注目されるようになりました。癌（がん）の予防、コレステロールの抑制・低下、老化の防止など味噌には秘められた様々な力があるのです。じつはそのミラクルパワーの元が麹菌なのです。

紫外線や活性酸素、タバコなどといった正常な細胞に突然変異を引き起こす変異原性物質は、人の細胞内の遺伝子に損傷を与え、発癌に極めて密接な関係を持つと考えられてきました。その作用を抑制する物質が、味噌からは複数見出されています。脂肪酸エステルや不飽和脂肪酸、イソフラボン類などがそれです。

中でも味噌の香りの主体である脂肪酸エステルは味噌の有用物質として最も早く報告された物質です。これらの生成には麹菌のつくる酵素が密接に関与します。酵素の働きを高めることにより、変異細胞の暴走を抑える味噌の製造ができるのです。

私どもと秋田県総合食品研究センターは、味噌の持つこのような活性を従来よりも3倍も高める、これまでにない高機能性味噌用麴菌「AOK139」の開発に成功しました。抗変異原性が直ちに抗腫瘍性となるものではないでしょうが、生体内で何らかの効果が期待されるものです。

この菌は第3回日本ものづくり大賞の伝統技術の応用部門において生物系では初めて東北経済産業局長賞を受賞したほか、特許庁長官奨励賞も受賞しています。

味噌とグルタミン酸

秋田県南部には独特の麴歩合の高い味噌がありますが、その味を構成している成分の1つにグルタミン酸があります。味噌のような植物性素材を使う発酵食品には動物性素材と異なり、グルタミン酸が多く含まれます。小さい頃から麴歩合の高い味噌を食べ慣れていると、それが生涯親しみのある味として刷り込まれてしまうので、大人になってからも同様の傾向の味を求めるのです。日常知らず知らずのうちに、1つの強力な味の成分（グルタミン酸のような）を口にしていると、その味に対して非常に強い郷愁を感じるようになります。

つまり、グルタミン酸の味がどこかにないと落ち着かないということが起こるのです。海外に長く旅行した人が、醤油の味（旨味）を恋しくなる大きな理由はここにあります。

このように、味覚は常に食べているものに対して一種の安心感を持ちます。そのため、よく慣れた味から隔絶されると無性にその慣れ親しんだ味を求めるようになるのです。東北にはそうした旨味を強調したたくさんの発酵調味料があるのも特徴です。

化学調味料のグルタミン酸ナトリウムは、グルタミン酸のナトリウム塩でグルタミン酸より強い旨味を呈し、いつまでも舌に残る旨味を持っています。なぜ、このように旨味の後味が長く続くのかは、まだはっきりとは解明されていません。もともと旨味物質と受容体（味の受信機のようなもの）の結合力が、ほかの味物質に比べて強い、あるいは味細胞の応答がいつまでも持続する（順応しにくい）といったことが考えられます。

これに対し味噌、醤油のような発酵食品は、グルタミン酸ナトリウムの旨味がストレートには感じられず、ほかのアミノ酸類のそれぞれの味が別のアミノ酸と混合して味を複雑にするとともに、味全体に深みを与えています。その関係は非常に複雑であり、簡単に解析することは不可能に近いと言われています。

「ひしお」をルーツに持つ醤油

醤油の起源に定説はありませんが、原型である「ひしお（比之保）」は約２０００年前の弥生時代から大和時代に伝来したと言われています。やがて平安時代には広く普及するようになりました。

当時穀物を原料にしたものは「こくひしお（穀比之保）」、肉を原料にしたものは「にくひしお（肉比之保）」、魚を原料としたものは「うおひしお（魚比之保）」と区別しており、中でも「うおひしお」は最も普及していたようです。

このことから考えると中国南部や東南アジアに見られるエビを原料にした「かしょう（蝦醤）」や「ぎょしょう（魚醤）」に似た魚介類の塩辛のような発酵物として伝来したと考えられます。

現代の大手醤油メーカーでは、蒸した大豆と焙煎（ばいせん）した小麦を混ぜて麹菌を入れ醤油麹を造り、これに塩、水、酵母、乳酸菌を加えてさらに発酵させ、十分な熟成後に圧縮して造られます。

一方昔ながらの天然醸造の場合は、純粋培養した酵母、乳酸菌を種菌として添加することはありません。醤油麹には天然の酵母、

乳酸菌が共存するからです。そのため一般家庭で手作りしても発酵に時間はかかりますが、個性豊かなおいしい醤油になるのです。醤油に限らずすべての醸造物は、原材料と麴に加え、「時間」がじっくりおいしさを醸し出すのです。

いずれにしても長い歳月をかけて我が国の気候風土に合った原料や発酵法などを探り、作り上げていった先人の知恵の結晶です。

ルーツがどこにあれ、日本の醤油は既に大陸のものとは大いに異なり、日本の食文化の基礎を支え、なおかつ世界を制する調味料として発展していったのです。

アミノ酸の秘めたる美味パワー

前々項で紹介したグルタミン酸は酸味と旨味を持ちますが、アミノ酸の中にはそのほかに甘味や塩味、苦味を持つものもあり、それぞれ独特の呈味性を持っています。ところがこれらのアミノ酸が複数集まると、食べ慣れた味噌の味に独特の深みが出て、単独のアミノ酸では出すことができない味のミラクルパワーを示すのです。

例えば完熟トマトがおいしい理由は、グルタミン酸とアスパラギン酸が絶妙なバランスで含まれているからです。その黄金比はグルタミン酸とアスパラギン酸の比が4対1だといいます。トマトの味からグルタミン酸を除いてしまうと薄いリンゴジュースか、酸っぱい梅のような味になってしまいます。

カニやウニの味もそうです。カニの味を構成するアミノ酸とウニの味を構成するアミノ酸は3つは全く同じものですが、カニにはアルギニンという苦味アミノ酸が、ウニにはバリンやメチオニンといった苦味アミノ酸がそれぞれ含まれています。ウニの味を構成する5つのアミノ酸を実際のウニと同じ割合で混ぜると、見事にウニの味を再現できるのです。メチオニンは苦いアミノ酸ですが、ウニならではの味の決め手になります。ウニにある、ほのかな苦味ですね。ウニからメチオニンを除くとエビやカニに似た味になってしまいます。

味の世界ではこのようなアミノ酸の相乗効果がたくさん見られます。

ではなぜアミノ酸が含まれている食べ物はおいしいのでしょうか？　これは体に必要な化合物であるアミノ酸をおいしい味として感じるように、我々が進化してきたからだと考えられます。人は生きていくために必要不可欠なアミノ酸をおいしいと感じることにより好んで摂取するようになり、それで体を形づくったり、エネルギーにしたりするのです。

実際、食塩・糖分・核酸など体にとって重要な化合物はいずれも美味に感じます。発酵食品の世界でアミノ酸をつくってくれるのが微生物です。高温多湿なこの国の気候は発酵をつかさどる微生物の生育には最適です。微生物のパワフルな働きのおかげで数多くの美味が生まれます。なんと有り難きこと！

第三章

酒を楽しめるのも
菌のおかげです

アマゾンの酒「サクラ」

平成30（2018）年4月、私は30年来のオランダの友人と彼の生まれ故郷、南米スリナム共和国の首都パラマリボに向かいました。そこから5人乗りの小型飛行機で1時間半余り飛び、ブラジル国境に近いパラメルというタパナホニ川流域のアマゾンの村に4日間滞在したのです。道はなく、ゆったりと流れる川を木彫りの舟での行き来です。電話も電気もありません。

アマゾンの酒「サクラ」

日本人を見るのは初めてという現地のワジャナ族は極めて友好的で、「カシーリ」や「サクラ」と呼ばれるキャッサバイモから造られた酒を振る舞ってくれました。

キャッサバは甘味の少ないサツマイモのような食感がありますが、加熱処理をしなければ食べられません。キャッサバの中にリナマリンやロトストラジンと呼ばれる猛毒の青酸化合物が含まれているからです。毒抜きをせずに食べれば死に至ります。この毒は水に溶けるので水に溶かし、加熱して解毒したものを日常の食事や酒に使うのです。キャッサバから出来るタピオカ粒はモチモチした食感があり、タピオカティーとしてご存じの方もいるかもしれません。

キャッサバから造られる酒の1つがサクラです。サクラは毒性の強い白色のキャッサバを圧搾し、天日で乾燥してからふるいにかけて粉にします。これに水を加えて練り、薄く延ばしてパンを焼くのです。このパンに水と紫色のサツマイモ「ナピ」を少量加えて4日ほど発酵させてサクラが完成します。

「サクラ」とはよく言ったもので、その色たるや、まさに桜色！　語源を長老に聞くと日本の桜との関係はわからないとのことでした。この酒は酵母の匂いが強く、慣れるまで大変でしたが、酔いが回れば気にもなりません。アルコール度は4％前後というところでしょうか。飲み干してから次の酒を注ぐあたり、ビールを彷彿とさせました。

謎を秘めたアマゾンの酒

タパナホニ川流域の村には「カシーリ」という酒もありました。カシーリは毒性の弱い黄色いキャッサバを原料にします。カシーリは「サクラ」の鮮やかな桜色と異なり泥色をしており、それをザルで濾して椰子の殻で飲むのです。飲むのを躊躇していたらワジャナの人たちの強いまなざしを感じ、覚悟を決めて一気に飲み干しました。するとこれが結構いけるのです！

驚くべきことにサクラ、カシーリとも自然発酵で、麴菌や酵母といった種菌を使うことが全くないにもかかわらず、水を加える前のキャッサバ粉からは甘酸っぱい発酵臭が漂っていたのです。

麴に含まれる糖化酵素は米の澱粉（でんぷん）をブドウ糖に、麦芽の糖化酵素は大麦の澱粉を麦芽糖に変換して初めて、酵母がそれを食べアルコール発酵するのです。ちなみにワインはもともと原料のブドウに果糖が含まれていますから、糖化酵素は必要ありません。そのため酵母は一気にアルコール発酵します。

ヒトの唾液の中にも澱粉を糖に変える糖化酵素が含まれています。ですからご飯を嚙（か）んでいると唾液の酵素が作用して、やがて口の中の澱粉はブドウ糖に変換されて甘さを感じるようになるのです。

一説にはカシーリとサクラは、女性がキャッサバを口で嚙んで吐き出して混ぜて発酵させると言われています。まさに唾液酒です。しかし私が見た限りでは、口で嚙んで吐き出すという重要な工程は確認できませんでした。

きっとこの中には私たちの知らない麴や麦芽や唾液に代わる糖化酵素をつくる未知の何

かが潜んでいるに違いないと、興味はつのるばかり。しかし何の設備もないアマゾンの奥地では調べようがありません。そこでいつも持ち歩く小さなチャック付きのビニール袋にサンプルを採取し日本に持ち帰り、そこに潜む微生物や酵素を調べてみることにしました。帰国後サンプルからは、澱粉をブドウ糖に変換する糖化酵素を持った細菌や酵母を単離することができました。

世界中には実にユニークな酒があり、それを醸すそれぞれの民族は自分たちの酒を通して食文化を形成し、団結し、民族意識を高めているのです。そこには民族の知恵と伝統が込められているのだと、天空から無数の星が降り注ぐ静寂の地で思いました。

醸造に適した蒸し米

普通に食べるご飯は炊いたものですが、酒造り・味噌造りのような醸造の場では「蒸し米」が使われます。それには大きな理由があります。

醸造現場では麴の出来が最終製品の品質を大きく左右します。良い麴を造るには良い蒸し米が必須です。良い蒸し米とは「外硬内軟」、つまり米粒の外側が硬く、内側が軟らかいものです。麴菌は米粒の表面に繁殖するので、米粒同士がくっついて団子状になると麴菌の生える面積が小さくなってしまいます。そして何より麹菌にとって、炊いた米より蒸し米のほうが繁殖するにも酵素をつくるにも、ちょうどよい水分量になっているのです。

醸造に用いる蒸し米は、一粒一粒がバラバラになるのが理想です。米粒同士の表面はお互いがくっつかない程度の硬さで、且(か)つ発酵中に速やかに溶けるような蒸し米が良いとされています。

そのため特に重要視されるのが、蒸す前の水分量です。洗米した後一定時間水に浸けて吸わせますが、この浸け時間で吸水量をコントロールするのです。適当な水分の蒸し米が出来るように調整するのは杜氏の重要な仕事の1つです。

酒造場では杜氏が「ひねり餅」を作ることがあります。これは蒸し米の状態を調べるためです。一握りの蒸し米を飛び散らないようにしながら掌で押しつぶして餅状にするのですが、かなりの力と熟練を要します。水量を多くして飯状に炊くと容易に米粒をつぶすことができますが、それは麹造りには全く向かないものです。

私の大好きな寿し飯は、炊きたての熱いご飯に合わせ酢を振りまいて団扇(うちわ)であおいで表

面を冷まします。これは醸造における「外硬内軟」な米粒にすることに通じているように も思えます。熱い飯粒の表面を冷ますと表面だけ少し硬くなって、食べた時弾力のある食感が得られるようになるからでしょう。

酒造りは酸との戦い

夏にご飯を冷蔵庫に入れないで放置しておくと、たちまち腐敗臭が漂い表面にカビが生えてきます。ではなぜ酒の醪（もろみ）は腐らないのでしょう。それは醪を腐らせないで発酵させる「酛（もと）」を利用するからです。

酛は酒母とも言われ、酛造りは醪を発酵させる第一段階です。玄米や白米には野生酵母などの雑菌が付着しています。麹を造っている間でも野生酵母は麹菌とともに増えていきます。

野生酵母にはシンナーや酢のような酒にとって好ましくない香りをつくる産膜酵母や、アルコール発酵が途中で止まってしまう酵母もいます。酒造りには低温で発酵してアルコールをたくさんつくり、味も香りも良い酒が出来る酵母を使用しなければなりません。

そこであらかじめ優良な酵母を増やした酛を造り、これを使って醪を仕込むのです。酛は強い酸性です。梅干や酢漬けが腐りにくいように、発酵を酸性で行うことによって、腐らせる雑菌を抑えることができるのです。

自然界には色々な酸がありますが、酒造りでは乳酸を使います。酛の種類は乳酸をどのように得るかで2つに大別されます。

1つは、乳酸菌によって乳酸をつくらせる「生酛系酒母」と呼ばれるものです。この中には生酛、山廃酛、水酛があります。生酛では蒸し米と水を混ぜ、櫂（かい）ですり潰す「山卸（やまおろ）し」と呼ばれる作業により、蒸米の溶けを促進します。この作業が極めて煩雑なため、これを廃した山廃酛が明治44年に考案されました。

生酛と山廃酛の製造原理は同じですが、蒸し米をわざわざすり潰さなくても材料の投入順を変えることで、「山卸し」の作業を省いても生酛の味わいを造り出すことができるようになりました。

水酛は米を水に浸けることによって乳酸菌を繁殖させ、乳酸を生産させた後、その水を用いる方法で、生酛系酒母の原型といえます。

もう1つのグループは、「速醸系酒母」と呼ばれ、仕込みの時に醸造用乳酸を添加する方法で、速醸酛、高温糖化酛などがあります。一般に速醸系酒母は生酛系酒母に比べ製造工程が簡易で製造日数が短いため、現在では主流となっています。

昔ながらの生酛は今でも一部の清酒メーカーで利用されています。すり潰した蒸し米はトロトロの甘酒の状態になり、それに乳酸菌と酵母が生えて酸っぱくなるとともにアルコールも増えます。やがて野生酵母は死んでしまい、その後、酸性が強くなると自分の作った乳酸で乳酸菌も死んでしまいます。最終的に優良な酵母だけが生き残ります。

生酛はアルコール分が10％以上あり、とても酸っぱいのでそのままでは飲用にはなりません。生酛に麴、蒸し米、水を10倍以上加えて再度発酵させ、適当な酸味の酒に仕上げます。伝統的な酒造りはある面から見れば、酸で腐敗を防ぎながら最終製品の酸味をいかに減らすかという、いわば酸との戦いとも言えるでしょう。

世界に誇る清酒の三段仕込み

蒸し米を水に入れただけでは酒になりません。そこで「麴」と「酛」なるものが開発されました。「麴」は麴菌、「酛」には酵母菌が関係してきます。

麴菌は、蒸し米の澱粉を分解してブドウ糖にします。甘酒が甘いのは、麴菌の糖化酵素が、米澱粉をブドウ糖に変えることができるからです。

ひとたび糖が出ると、それをアルコールに変えることのできる微生物「酵母菌」の出番です。出来上った甘酒のブドウ糖を、酵母菌が分解してアルコールを造るのです。酵母菌は澱粉を食べませんが、ブドウ糖なら食べます。酒の元になるので、これを「酛」と呼びます。酵母菌がウジャウジャ入っているまさに酒の元です。

この麹菌と酵母菌の働きを巧みに利用して酒造りは行われますが、清酒にするためには、アルコール発酵と糖化の進んだ「酛」にさらに蒸し米や麹、水を加えて増量したアルコール濃度20％近い「醪」といわれる発酵液を造らなければなりません。しかし、アルコール20％にするのに必要な蒸し米を最初に一気に投入してしまうと、「醪」が硬くなって、麹菌の出す糖化酵素も酵母菌も身動きできません。

そこでこれを何回にも分けて、蒸し米、麹、水を加えていくのです。清酒造りでは通常3回に分けて行うので「三段仕込み」と呼ばれています。「醪」の出来上がり量は「酛」の15倍程度になり、「醪」の中では糖化とアルコール化が並行しておよそ20日間進み、濃度20％近いアルコールが出来上がります。

世界の醸造酒のアルコール濃度は、ビールで5～6％、ワインで10～13％。この三段仕込みこそが、清酒が蒸留していなくとも20％近い高濃度のアルコールを造ることができる、世界に誇れる技術なのです。

香りの変化が麹造りを左右する

麹は発酵食品製造の要になるもので、造り手が一番神経を使うのが麹造りです。

酒造りの杜氏さんたちは異常なまでに麹を造る時の香りの変化に気を使います。どうしてでしょうか？　良い香りのする麹を使えば清酒の香りも良くなるといった意味も確かにあるでしょうが、主な理由は麹の刻々と変化する香りを指標として麹の製造管理を行っているからなのです。

麹の香りの用語として知られているものに、オハグロ臭、栗香、キノコ香があります。名杜氏は言います。「栗香が出ると麹を室から出せ。キノコ香がすると出す時期を過ぎている」と。このキノコ香ですが、「1－オクテン－3－オール」というものが主体成分です。

麹菌の増殖が最も盛んな時期にはアルコールやケトン、アルデヒドのような青臭く感じられる成分が主体ですが、それ以後はこれらの成分は減少してきて香りが質的に変化し、栗香が感じられ始めます。またこの時期から1－オクテン－3－オールが増加し続け、麹を出す時期になるとキノコ香が感じられるようになってくるのです。麹培養の後半に出現するということは、麹菌の老化と関係しているのかもしれません。この物質を感度良く捉えれば出麹の時期の判定に用いられることを名杜氏は知っていたのです。

1‐オクテン‐3‐オールは別名マツタケオールと呼ばれるもので、日本人には好ましい香りですが、外国では異臭に分類されます。「腐敗」と「発酵」の定義においても同様のことが言えますが、「好ましい香り」と「異臭」もまた人間の価値基準により便宜的に決まるようです。

麹の香り、オハグロ臭

麹の香りを表す用語、オハグロ臭とは一体どんな臭いでしょうか。オハグロは明治時代以前の日本や中国南東部、東南アジアの風習で、主に既婚女性の歯を黒く染める化粧法の1つです。オハグロは酢に鉄を溶かした悪臭の溶液に柿渋のタンニンを含む粉を混ぜることによって黒くさせ、それを使っていたようです。主成分は酢酸第一鉄です。

名杜氏は言いました。「香りを嗅ぎながら麹を造れ！」「仲仕事前にはオハグロ臭がし、仲仕事後には消える」と。

仲仕事とは蒸し米に種麹を散布してから32時間前後で行う作業のことで、麹の温度は37～39℃くらいになります。この時、麹菌の増殖が最も盛んになるため、厚く盛られた麹の中は酸素濃度が不足しています。酸素が不足すると青臭いアルデヒドと言われる香気成分

（アセドアルデヒド、イソブチルアルデヒド、イソバレルアルデヒド）が顕著に増加していきます。この時期に杜氏がこの香りを感じ取り、麴に手を入れて酸素を供給してやるわけです。

擬人的な表現をすれば、オハグロ臭は麴の悲鳴です。息苦しいから杜氏さん助けて！　空気を、酸素をください！　と言っているのかもしれません。杜氏はこの時に手を入れてやらなければ麴は窒息してしまい、決して優良な麴が出来ないことを経験的に知っているのです。よく麴造りは口のきけない赤ちゃんに譬えられます。寒かったら布団をかけてやり、暑かったら布団を剝がしてやる。息苦しかったら新鮮な空気を……という具合です。口がきけない麴菌と無言の対話ができる、恐るべし杜氏の力!!

乳酸菌いい奴、悪い奴

冷蔵庫がない時代、悪い菌が増えて食べ物が腐る、いわゆる「腐敗」は人々にとって死活問題でした。昔のヒトは食品を保存するために梅干しのように塩漬けしたり、凍み豆腐のように乾燥させて悪い菌が生育できない環境を作り出し、長期保存してきました。

もう1つの保存法が「発酵」です。発酵で活躍する菌の1つに乳酸菌があります。乳酸菌は食べ物に含まれる糖を分解して乳酸をつくる細菌です。乳酸の酸味は腐敗を起こす悪い細菌の増殖を抑える働きをします。そのため乳酸がたくさん含まれるヨーグルトや糠(ぬか)漬けなどは長期保存できるのです。

乳酸菌の中には、食中毒の原因となる特定の悪い菌だけを抑える特殊な力を持った菌もいます。特定の乳酸菌がつくり出すその物質は「バクテリオシン」と呼ばれています。バクテリオシンの一種である「ナイシン」は日本を含む50ヶ国で保存料として食品への添加が認められています。バクテリオシンは乳酸菌がつくる物質なので、ヒトの胃腸で消化されます。そのため安全性が高いのが魅力です。

これらはいい乳酸菌の例ですが、悪い乳酸菌もいます。清酒を腐らせる「火落ち菌」と呼ばれるものもその1つです。この悪い乳酸菌が入ると清酒は濁り、味は悪くなります。加熱することによって火落ち菌は殺菌できるのですが、それでは香りも風味も失われてしまいます。最近では少なくなりましたが、かつて造り酒屋では「腐造」や「火落ち」と言ってとても恐れられていたのです。

当時の酒造りは杜氏の勘と経験によるもので、酒造りのメカニズムはもちろん火落ち菌による腐造のメカニズムなど知るよしもありませんでした。火落ちによって酒造家は倒産の危機にさらされ、杜氏は責任を取り自殺することもあったのです。政府にとっても大問題でした。なにしろ明治時代、酒税は国の税収の第1位となり国を支えていたのですから。そこで大蔵省は醸造試験所（現・酒類総合研究所）を設立します。醸造試験所の指導は地方の小さな酒屋にまで行き渡り、酒造技術は著しく向上し、全国の酒は確実に旨くなっていったのです。

第四章

カビとキノコに感謝したくなる

カビから生まれた「ペニシリン」

地球上には多種多様な微生物が生息しており、カビの仲間は現在９万７千種ほど知られています。これは地球上に生息するカビの６・４％に過ぎないと言われています。つまり未知のカビが１５０万種近くあり、それがアマゾンの奥地や私たちのすぐ近くに潜んでいるかもしれないのです。

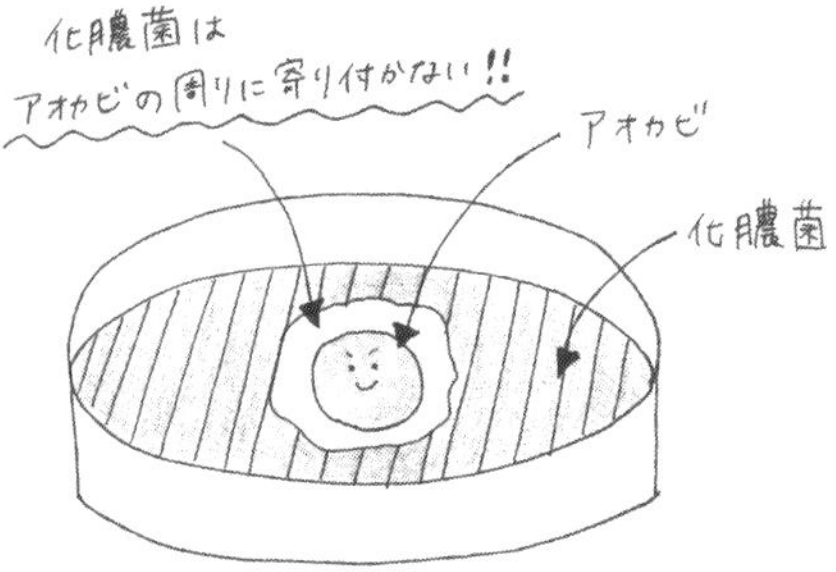

このカビから生まれた薬の代表格が「ペニシリン」です。第二次世界大戦中、戦場で負傷した兵士を1発の注射でよみがえらせるため「魔法の弾丸」と呼ばれたのがペニシリンです。英国では戦意高揚のポスターにまでなりました。それまでは、かすり傷程度の負傷をした兵士が、傷口から入った細菌が原因で死んでいくことがたびたびありましたが、ペニシリンの登場で、見事に回復して前線に復帰できるようになったのです。

この世紀の発見にはおもしろいエピソードがあります。いまから90年ほど前、ロンドンの病院に勤務していたフレミングは化膿菌をシャーレで培養した後に、それを片づけずにさっさと休暇を取ったのです。このずぼらな性格が幸いしました。休暇明けに散乱したシャーレを見ると、偶然飛び込んできた青カビがまわりの化膿菌を透明に溶かしているのを発見し、青カビが化膿菌の生育阻害物質をつくっていると考えつきました。偶然による科学上の大発見です。そしてこの物質を青カビの学名にちなんでペニシリンと名付けたのです。ペニシリンは抗生物質発見以前に比べて約10年も人の寿命を延ばしたと言われています。カビは人類にとってまさに「命の恩人」という一面も持っているのです。

　私は以前人伝に、阿仁（秋田県北部）の古老からマタギが怪我をした時は傷口にご飯に生えたカビをこねて塗りつけると化膿しないと教えられた……という話を聞いたことがあります。古くからの民間療法なのでしょう。秋田の山里に住む古老は抗生物質が何たるかも知らずに、フレミングよりもずっと先に伝承薬としてこの化膿止めを使いこなしていたのです。

　チャンスはいつもどこにでもあります。ただそれをチャンスと理解できるかどうかが大きな分かれ道となるような気がします。チャンスは用意ができている心の持ち主にだけ舞い

降りるのです。フレミングはその人だったのでしょう。

このことを思うにつけ、足元にビッグチャンスがいつでも潜んでいる……という思いを強くするとともに、微生物を巧みに利用した秋田の先人の驚くべき知恵に、私はただただ脱帽したのです。

貴腐ワインとイチゴ

「ボトリシス　シネレア」というカビは灰色カビとも呼ばれ、イチゴなど多くの果実に寄生する厄介者のカビです。

しかしこのカビはワインの中でも最高級品に分類される貴腐ワインの醸造には欠かすことのできないものです。このカビは読んで字のごとく、ブドウ果実を貴く腐らせるからです。

それはどういうことかというと……ワイン醸造においては添加物を用いてはいけないという規則があるので、甘口のワインを造るためには原料のブドウ果実に十分な糖分がなければいけません。このカビはブドウ果実に寄生すると果皮下に侵入し、果汁中の水分を蒸散させて糖分を濃縮してくれるのです。カビ自身による糖の消費もありますが、最終的に

貴腐ブドウ

は糖分が果実の50％にも及びます。こうした糖濃度の高い果汁を原料にすることで、甘味の強いワインが出来るのです。

さらにブドウ果実に寄生した際の大きな特徴は、びっしりとカビが生えているにもかかわらず、全くカビ臭が生じないことです。そればかりか発酵の主役であるアルコールや香りをつくる酵母には作用しないボトリンジンという抗菌物質を生じるので、良いワインが出来るという報告もあります。

しかし一方でこのカビはイチゴにとっては大敵で、灰色カビ病と呼ばれ、いったん寄生してしまうと見た目が悪くなるだけでなく強烈なカビ臭が生じます。

なぜこのカビがイチゴに特異的に寄生するかというと、イチゴの花粉が水滴に吸い寄せられると花粉の糖類が浸み出してきて、カビの発芽を促進するからだと考えられています。

同じカビでも寄生する宿主によって人に喜ばれたり嫌われたり……実に不思議なカビの世界です。

ばいきんまん、カビの仲間

アンパンマンに出てくるばいきんまんの「ばい」、漢字で書けますか？　日常語としてまだ多少使われているものの、学術用語としてはほとんど死語になってしまったのが「黴菌」です。ばいきんまんのキャラクターと同じで嫌なもの、汚いものと悪いイメージをお持ちの方が多いでしょう。

この「黴」という難しい漢字は、物が長く雨に当たって黒くなったものという意味で、つまり湿気が多くなると生じてくる黒くて小さいものという意味で出来たと言われています。「黒」と小さくて見えにくいという意味の「微」が組み合わされて出来たと言われています。よく表しています。もともとはカビを表す「黴」でしたが、一般には黴菌＝細菌と考える人が多いようです。

たしかにカビと細菌はどちらも微生物ではありますが、体を構成する細胞が根本的に異なるので、生物分類上は動物界と植物界のように大きく異なる世界に生きており、カビはキノコや酵母と同じ菌界、納豆菌や乳酸菌のような細菌はモネラ界に分類されているのです。

「えっ！　カビとキノコは同じ仲間なの？」と思われる方のために……じつはキノコが傘

を付けているのは一生のうち、ほんのわずかな期間、それも死ぬ間際の姿なのです。その本体は落葉の下に張りめぐらされた菌糸という細い糸のような体で出来ています。菌糸の状態のキノコはカビによく似ています。

つまり私たちがキノコと呼んでいるものは胞子をつくる働きをする体の一部で、それが目立つものをキノコ、目立たないものをカビと呼んでいるのです。

また、ビールや酒などの液体の中に単細胞で生きている酵母もキノコやカビの仲間で、菌類と呼ばれている、本来ならばいきんまんの仲間なのです。

カビは何でも食べる

カビはとてもしぶとくたくましい生物です。その食いっぷりたるや驚くばかりです。カビの大きな特徴は、生育していく時にあたかも人の汗のように体の外に有機物を分解する酵素をたくさん出し、それで分解されたものを栄養源として吸収することです。目的に応じて多種多様な酵素を分泌し、「まさかこんなものも?」と思うものまで食べてしまいます。食品、衣類、家具などは言うに及ばず、アルミニウムまでも食べてしまうのです。航空機の燃料タンクの底やフィルターから「クラドスポリウム　レジネ」というカビが分離されます。

このカビの腐食孔は従来のアルミニウムが錆びる、いわゆる金属腐食と全く異なり、アルミニウム内部に広がっていき、虫食いのようになります。このカビがせっせと食べ進めば、燃料タンクに穴が開いてしまうかもしれません。ですから日本のように高温多湿な地域に売り込む航空機に使用されるアルミニウムは3層の樹脂コーティングがされているのです。

カビはこのほかにもプラスチック、ポリ塩化ビニル、カメラのレンズ、フロッピーディスクにまで取り付きます。しばらく使っていなかったフロッピーが機能しない時は、まずカビを疑ってもいいでしょう。一般的にカビは弱酸性が好きなうえ、多糖類や脂肪酸が大好物で無添加化粧品などを放置しておけばカビだらけになります。人間の皮膚にとって栄養になるものはカビにとっても栄養なのです。

カビは食欲だけでなく適応力も抜群で、過酷な環境の中で突然変異しながら生き残っていきます。レンズに付くカビは乾燥した所にだけ生きる「ユーロチウム」という変わりものです。甘党（好糖性）もいれば辛党（好塩性）のカビもいます。また0℃以下の低温でも生育するカビや硫酸の中でも生きられるカビまでいます。

偏食知らずで適応力あり……これがカビの生き延びてきたコツです。

みかんに生える2種類のカビ

スーパーで箱売りされる果物というと、まず思い浮かぶのがみかんです。ところが箱買いすると、食べ終わるまでに必ず1つや2つはカビを生やしてしまうのは、私だけではないと思います。

このみかんに生えてくるカビを観察していると、不思議なことに気がつきます。大まかに分けると2種類のカビがあり、1つはカビの生えている周辺は白く、中心部は緑色をしています。これは青カビの仲間で「ペニシリウム　デイギタアタム」といい、その色から緑カビとも呼ばれています。

もう1つは腐敗が進むと出てくるカビで、きれいな青い胞子を付ける「ペニシリウム　イタリシウム」というカビです。

この2種類のカビが柑橘(かんきつ)類の果物に特異的に寄生するのです。なぜみかんの仲間にだけ寄生するのでしょうか。じつは柑橘類の中には、このカビの生育に不可欠な物質が共通して含まれているのです。それはプロリンというアミノ酸の一種で、このカビの発芽や胞子をつくるのに大変重要な役割を果たしています。みかんの果皮中にはプロリンが0・34％含まれているのです。

このように、動物の病原菌であれ植物の病原菌であれ、病原性菌が特定の宿主に感染や寄生するのにはそれなりの根拠があるのです。

ところで、みなさんは小さい時にこのプロリンを使った遊びをしているはずです。紙にみかんの汁で絵や字を書いて乾燥させると、もちろんその絵や字は見えないのですが、これをあぶり出すと不思議や不思議、筆でなぞった絵や字が黄色い線となって浮かび出てくる、あのあぶり出しです。これは乾燥している時は無色なのに熱を加えると黄変するという、プロリンの性質を巧みに利用したものです。

種麴造りの技術が生んだ微生物農薬

土の中には、植物に病気を起こす菌もたくさん棲息（せいそく）しています。そのほとんどがカビです。作物に病気を起こす病原菌を退治するためには農薬をかけることが多いのですが、じつは土の中にいる悪さをしない微生物や役に立つ微生物も無差別に殺してしまいます。

確かに農薬は高い農業生産性を維持するために不可欠であり、世界的な食料不足を解消するためにも今後その役割は増大していくと考えられます。しかし近年、環境などに及ぼす悪影響への懸念もあり、生態系を乱さず安全に防除する方法を求める動きが強まってきました。

それが農薬を使わず土の中にいるカビの力を借りて病原菌だけを退治する微生物農薬です。生物で生物をコントロールするバイオロジカルコントロール（生物防除技術）は残留性がなく安全なため、今後ますますその需要は高まるものと思われます。

微生物農薬は「生きている」ということが従来の農薬と異なる点です。当然のことながら製剤化過程、貯蔵期間、施用作業などを通して「生きている」ことが必須になります。

じつは微生物はどのような環境下でも生きながらえる手法として耐久体細胞という器官を作ります。読んで字のごとく劣悪な環境下ではその環境に耐えるため細胞が強固な作りになり、やがていつの日か発芽できる環境を待ち望んで一時的に眠りにつくのです。

カビの場合それが胞子です。微生物農薬のほとんどが胞子で作られているのはこのような理由によります。

種麴造りは高純度で死滅率の低い胞子を大量につくるわけですから、その培養手法は微生物農薬生産の手段として注目を浴びています。私どもが現在製造している微生物農薬原体は「トリコデルマ　アトロビリディ」や「タラロマイセス　フラブス」、「メタリジュウム　アンソプリエイ」などのカビの胞子です。

トリコデルマというカビは、病原菌の体に巻きついたり栄養を横取りしたり、毒を出したりして病原菌を弱らせます。また、土の中にはセンチュウ捕食菌「アリスロボトリス」というカビがいます。この菌はカウボーイの投げ縄のような輪をつくってそこに入ってきた悪玉センチュウを捕らえ、なんとその輪で絞め殺してしまいます。

アブラムシが好きな「ボーベリア」や「バーティシディウム」というカビもいます。このカビに取り付かれたアブラムシは全身を菌糸にがんじがらめにされて、ついには死んでしまいます。

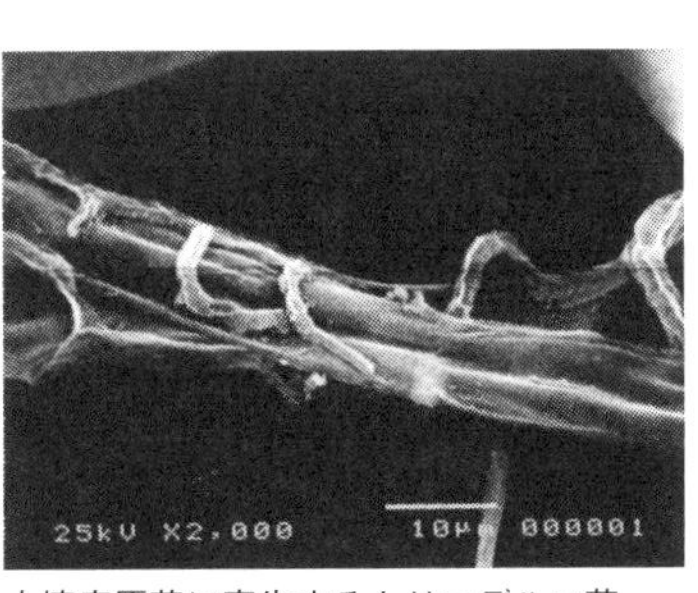

土壌病原菌に寄生するトリコデルマ菌

このように害虫駆除に活躍するカビは多く、カビの特性を活用した微生物農薬の研究が盛んに行われています。

特に日本の場合は古くからの醸造技術がありますから、麴菌のように、特定のカビを高密度で無菌的に培養するノウハウは世界的にも高く評価されています。日本はまさにこの分野の研究の第一人者なのです。今後もカビを利用した殺虫剤が続々とこの国から登場してくることでしょう。

カビ、エコな農薬に変身

江戸時代の日本の文献に稲が徒長し過ぎ枯死する病気、稲馬鹿苗病(いねばかなえびょう)が記載されています。その原因は稲に寄生したカビ「ジベリア　フジクロイ」がつくる「ジベレリン」という物質であることがのちに明らかにされました。

じつはこのジベレリン、種なしブドウを作る時に使われているのです。ブドウの花が開花する前後に花房をジベレリンの水溶液に浸けると、あら不思議、受粉しなくても種が出来ないまま立派なブドウになるのです。

このジベレリンはジベリア　フジクロイというカビを使って発酵生産されていて、農業で最も使われている植物ホルモンの一種です。ほかにもリンゴや梨の実を大きくしたり、ナスやイチゴの着果数を増加させたりするのにも使われます。このように成長促進、開花促進、果実の落下防止、老化阻止など幅広い目的に使われる優れものです。海外ではビール製造に必須である麦芽の酵素の誘導剤としても使われています。

さて先に紹介した稲馬鹿苗病ですが、箱育苗が普及するとともに馬鹿苗病防除のための稲の種子消毒は重要な作業の1つとなりました。種子消毒には合成農薬が多用され、その普及率は極めて高いものです。しかし何せ相手がカビですので病原菌の多くが農薬に対して抵抗性を示すようになり、また種子消毒廃液による環境汚染の問題も抱えています。

そこで出てきたのがカビをもってカビを制するという防除法です。自然に存在するものならば、人が合成して作り出した難分解物質（合成農薬）と異なり、安全であると考えられるからです。

実際ジベレア　フジクロイに強い拮抗能力を持つ「トリコデルマ」や「タラロマイセス」というカビが稲馬鹿苗病の防除カビとして現在広く使用されており、カビの特性を巧みに使った環境に優しい微生物農薬として注目されています。

カビの力で害虫駆除

人は病原微生物に感染しても、幾重にも存在する免疫系が効果的に作用して元の健康体に戻ることができます。でも昆虫にはそのような免疫機構はありません。昆虫が天敵微生物に感染、発病すると死亡につながります。

昭和61（1986）年のことです。鹿児島県の馬毛島（まげしま）で大量のイナゴが発生し、農作物が食い荒らされる大きな被害が出ました。ところがこのイナゴ、2週間ほどで突然島から消えてしまったのです。「今度は日本本土に上陸か」と大騒ぎになりました。何が起きたのでしょうか？

じつはイナゴが突然消えた原因はカビだったのです。このカビは「エントモファンガ」という昆虫に取り付くカビで、この年たまたま雨がよく降り、いつもの年よりこのカビが大発生しました。このカビが取り付くと、2週間ほどで昆虫の体内に菌糸がはびこり、最後には苦しみもだえながら草をよじ登り、その先端でカビだらけの体をさらして死んでしまいます。その死体からは無数の胞子が飛び散り、次々にイナゴに感染していったのです。

日本にとって本土上陸の間際に神風が吹いたようなものですね。農作物を食い荒らすイナゴは人間にとって天敵ですが、イナゴの天敵はカビだったのです。

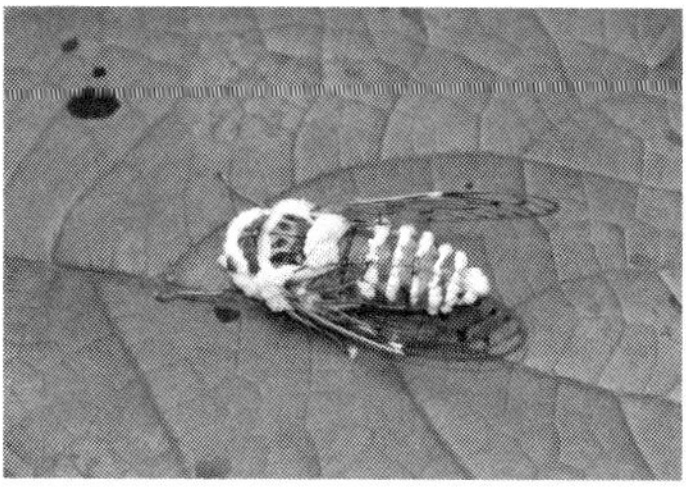

昆虫に取り付いたカビ

このように天敵である微生物による害虫駆除法は微生物殺虫剤と呼ばれ、農業分野で応用されてきています。「ボーベリアブロングニアルテイ」というカビはゴマダラカミキリやキボシカミキリに病気を起こし死滅させます。また「モナクロスポリウム　フィマトバカム」というカビはサツマイモネコブセンチュウに効く生物農薬として出回っています。

弊社でも「メタリジウム」というカビを使った、害虫アザミウマを駆除する微生物農薬の胞子を製造しています。平成26（２０１４）年春、オランダの会社から日本発の微生物殺虫剤として売り出されました。

虫を誘うカビの香り

虫がカビの香りに誘引されることは比較的早くから知られていました。中でも昔からゴキブリと並んで大変評判の悪いダニは、私たちカビを扱う者にとっても厄介者です。ダニは試験管の中の培地に生えたカビを目がけて、綿栓を食い破って侵入してきます。昔のことですが、保管していたカビがダニに食べられて大騒ぎになったことがあります。一言でダニと言っても種類は多く、１５０種ほどが知られています。特定のダニは特定のカビが大好物で、菌糸より胞子を好んでバクバク食べます。

例えば鰹節をつくる時に使う「ユーロチウム　グラウカス」というカビや、カマンベールチーズをつくる時に使う「ペニシリウム　カマンベルチ」というカビなどが持つ特有の臭いに誘引されるのです。

これには湿度、温度、炭酸ガスも関係しますが、ある種の化学物質の関与が知られています。チーズダニとも呼ばれるケナガコナダニは名前のようにチーズに発生して品質を落とすことで恐れられています。チェダーチーズは乳酸菌を利用した発酵食品ですが、その乳酸菌のつくる４種のケトンに３・メチル・１・ブタノールが加わった混合物にケナガコナダニが強く誘引されて集まるのです。

スッポンダケの仲間は一晩で奇妙な形の傘を生じますが、この傘を出した途端、フェニル・クロトン・アルデヒドやメタンチノールなどの糞尿臭（ふんにょう）があたりに立ち込めます。この臭いが発生すると付近のハエや蛾の仲間がすぐ集まってきて傘の頭部の粘液を舐めつくしてしまいます。この時、胞子が昆虫の表面に付いてその飛行で遠方に運ばれるのです。

このようにカビの仲間は自分の出す香り（臭い）をうまく利用して自己の胞子の発芽や増殖をコントロールし、生存環境の変化に対応しているのです。

そういえば、人の世界でもよく色香に迷うと言いますなあ。いやいや私の話ではありませんよ。

木の流血、原因は樹液カビ

早春から初夏にかけて、伐採された広葉樹の切断面に何やら得体の知れない白や赤のドロドロしたものを見つけることがあります。樹木の傷口からは根から吸い上げられた水分が浸み出てきますが、これには樹木中の糖分が含まれているため、昆虫や微生物の格好の餌となります。いわゆる樹液と呼ばれるものです。樹液にはカビ、酵母などをはじめ、細菌など様々な微生物が取り付きます。切り口が新しいうちは樹液酵母と呼ばれる酵母や植物病原性のカビが検出されます。

先日、新聞に道路脇のミズキの木から大量の樹液が出てオレンジ色に変わり、「木が血を流している」と大騒ぎになっているとの記事がありました。

これは樹皮の傷口やその周辺に樹液が浸み出し、そこに菌類が繁殖してゼリー状の塊になり、それがオレンジ色に染まってしまう「スライム・フラックス」によるものです。特にミズキなどは樹液の分泌が多く、傷口から下側に何十センチにもわたって広がるため、「木が血を流している」ように見えてしまいます。

このオレンジ色は主に「フザリウム　アクアエドウクトウウム」というカビに由来しています。学名はラテン語で表示されますが、アクアエは水、ドウクトウウムは植物の道管を意味しています。名前からも、このカビがまさに樹液カビであることがわかります。樹液に繁殖したフザリウムは初めほとんどが透明や白の集まり（コロニー）をつくりますが、徐々に桃色、紫、オレンジ色、赤などのカロテノイド系色素を生産するようになるのです。

さて、このカビによって生じた大騒ぎですが、木の傷口からの流血は長くは続きませんでした。樹液の分泌が止まれば栄養の供給が断たれるので、次第に干からび、それにつれて出現してくるカビの種類が変わり、色も変化していくからです。最後のカビが樹液を黒く覆いつくして終わりました。この現象は、樹液が豊富な春によく見られる光景なのです。

キノコは出会いの証し

秋田県では男女の出会いの場をつくるプロジェクトを立ち上げました。検索システムによる一対一の結婚相手紹介です。私のまわりでも「出会いがなくて……」という声をよく聞きます。

カビの多くはオスとメスにきちんと分かれていますが、カビの世界だってそうそう出合いがあるわけではありません。しかも人間みたいに「出会いがなくて……」と相談するわけにもいきません。この広い自然界で小さな小さな胞子を飛ばして菌糸となり、うまい具合にオスとメスが出合うのは天文学的な確率です。ぐずぐずしていたらダニに食われて死んでいくのが関の山です。

そこでカビは出合いを求める一方で、自ら無性生殖も行ってせっせと子孫繁栄に努めているのです。一口にカビの胞子と言っても、オスとメスが出合って出来る有性胞子とオスとメスがいなくても出来る無性胞子があります。

有性生殖はめでたく出合ったオスとメスが、子宮に相当する繁殖器官、いわばカビのマイホームで子供（有性胞子）を産みます。生殖の方法、マイホームのつくり方によってカビは5種類に分けられます。鞭毛菌、接合菌、子のう菌、担子菌、不完全菌です。

しかし実際にはカビは有性生殖よりも無性生殖を行っていることが多く、酒や味噌、醤油、焼酎などに使う麹菌も無性生殖しか知られていません。オス・メスがなく、タンポポの綿毛のように胞子をフワフワ飛ばしながら蒸し米に付着し、菌糸を伸ばし麹となるのです。それを繰り返しながらどんどん増えていきます。

有性生殖したカビと無性生殖したカビは肉眼ではほとんど区別がつきませんが、有性生殖したことが一目でわかるケースがあります。それはキノコ（担子菌類）です。有性生殖しない限りあの傘は生えてきません。キノコの傘はまさにその繁殖器官（子宮）なのです。どこかでキノコを見つけたら言ってやってください。無事パートナーと結ばれてよかったね。おめでとう!!って。

カビから薬、免疫力調整

日本人の死亡原因の第一位は癌です。過去においては癌治療の有効な手段は外科的治療、放射線化学治療が主体でしたが、近年、免疫治療が注目を浴びています。

免疫力を高める物質として特に注目を集めているのが、カビの仲間のキノコに含まれるβ-D-グルカンです。β-D-グルカンは生体の免疫力の中でもとりわけT細胞の免疫力を高める作用があり、抗腫瘍効果を持つと言われています。

キノコからつくられた抗癌剤が従来の抗癌剤と異なるのは、癌細胞を直接叩くのではなく、人が本来持っている免疫力を高めることによって間接的に癌細胞に効果を発揮するという点です。

既に実用化され臨床の場で使われている抗癌剤にクレスチンという薬があります。これはサルノコシカケの一種です。またシイタケからはレンチナンという薬がつくられています。これらの薬は日本で研究開発されたものです。

古来よりキノコの薬効に気づいていた日本人だからこそつくることができた薬と言えるでしょう。

一方カビで免疫力を抑える薬もつくられています。臓器移植をする際、移植された臓器は体内でいわば異物として認識されるため拒絶反応を示します。異物を排除しようと免疫力が働くからです。拒絶反応を抑え、移植を成功させるためにはこの免疫力をコントロールしなくてはなりません。そのため患者に免疫抑制剤が投与されるのです。

その中にカビからつくられるシクロスポリンという薬があります。この薬はノルウェーの土壌から分離された「トリポクラジウム　インフラーツム」というカビからつくられます。シクロスポリンが登場したおかげで臓器移植の成績は格段に向上しました。カビは免疫力を高めることも抑えることもできるミラクルパワーを持っているのです。

麹のカビで絶品ハム

鰹節の枯節はとても硬く「世界一硬い食べ物」と言われています。枯節作りには麴菌の仲間の「ユーロチウム」というカビが活躍することは先に紹介しました。

じつはヨーロッパと中国にもカビ付けして作る食べ物があるのです。スペインのハモンセラーノをご存じでしょうか。スペインの酒場「バル」に行くと、カウンターの上に必ずと言っていいほど載せられている熟成したハムです。

まず塩漬けした豚肉を長期間気温の低い乾いた場所につるして乾燥させます。その際、この肉塊にユーロチウムが生育するのです。先日、東京目黒のバルで秋田県産のハモンセラーノを食し、スペイン北西部のサラマンカで食した絶妙な味を思い出しました。鮮やかなピンク色とやわらかい食感、塩味も絶妙です。

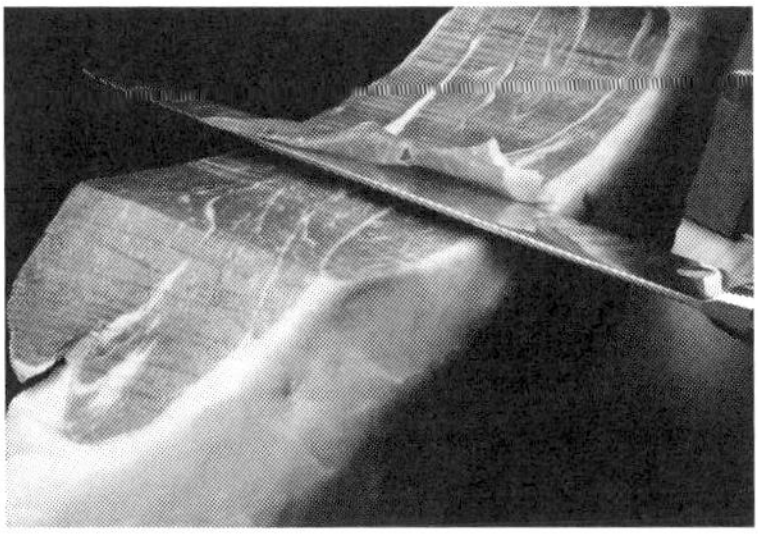

スペインのハモンセラーノ

さてもう1つ中国浙江省金華名産の金華ハム、金華火腿（チンホアフォトエイ）にもユーロチウムは欠かせません。材料の金華豚は穀物などを一切与えず、茶殻や白菜などの発酵飼料で育てられます。そのため皮が薄く脂肪が少ないのが特徴です。火腿も塩漬け後、風通しの良い場所で乾燥させます。本場中国では日本の鰹節と同様、スープの材料として使われています。

カビって乾燥させたら生えないんじゃないの？　と思われるかもしれませんが、じつはユーロチウムというカビは普通のカビと異なり、乾燥した環境が大好きなのです。カビの酵素でグルタミン酸やイノシン酸が何倍にも増えて、独特の旨味をつくります。

「キャビア、フォアグラ、トリュフ」は世界3大高級珍味と言われていますが、「鰹節、火腿、ハモンセラーノ」は麴カビがつくる世界3大高級食材と言ってもよいかもしれません。おいしいものには国境がありません。麴カビにも国境はなく、おいしいものをつくるために、魚や豚という素材の違いに関係なく遠い異国でも大活躍しています。さて、今夜はどれを肴に一杯やりましょうか。

老木の桜を救ったカビ

東北各地には桜の名所が数多くありますが、岩手県の盛岡地方裁判所構内にある石割桜も有名です。国の天然記念物にも指定されている石割桜は、巨大な花崗岩(かこうがん)の狭い割れ目に生育する直径1・35メートル、樹齢360年を超えるエドヒガンザクラです。

この老木も衰えが目立ち始め、平成22(2010)年にはついに悪性のキノコが寄生するまでになってしまいました。キノコを削り取っても、暫定的な処置でしかありません。キノコの菌糸が樹体内に蔓延(まんえん)してしまっているからです。

木材腐朽菌と呼ばれるキノコは、栄養を得るために樹木の様々な成分を分解し、自らの菌糸を伸ばしていくのです。それはちょうどキノコの菌糸が土中を這いめぐっているのと似ています。

しかし樹木だって自らを守るために様々な抗菌物質を樹体内に蓄積して、キノコの侵入を一生懸命防いでいます。木が若くて旺盛に活動している時は生体防御機構が働いて、キノコの菌糸は簡単には樹体内には侵入できませんが、石割桜のような老木はもはやその力もありませんでした。

でもそこに救世主が現れました。「トリコデルマ」というカビの胞子です。石割桜に寄生したキノコ（病原菌）にトリコデルマが寄生する性質を利用したのです。じつはキノコの細胞壁はキチン質と呼ばれる硬い成分で出来ています。トリコデルマはこの硬いキチン質を溶かす酵素をたくさんつくるという特技を持っているのです。キノコの細胞壁のキチン質を溶かしてしまえばドロドロになり、キノコは死んでしまいます。そのことを知っていた樹木医からの問い合わせで、トリコデルマによる処置が行われました。

１年後、嬉しい便りが届きました。石割桜が再び満開の花を咲かせたのです。例のキノコは発生しませんでした。トリコデルマが国の天然記念物の老木を見事に救ったのです。

謎多いマツタケ菌の世界

マツタケは古くから秋の味覚として日本人に親しまれてきました。マツタケ菌の学名は「トリコロマ　マツタケ」と言い、赤松の根に寄生する寄生菌です。

マツタケは生きている赤松の根から有機物をもらい、同時に赤松の根の養分の吸収を助けています。ですからマツタケの菌糸だけを育てても立派なマツタケにはなりません。マツタケを得るためには二者の共生関係を人工的に作り出すことが必要で、それは大変困難なことです。

マツタケの収穫量は年々減少し、最近では一般庶民には手が出せないほどの高い値段がつけられ店頭に並べられています。マツタケが採れなくなった理由の１つに、松林に放置される枯れ枝や落葉が挙げられます。

以前、枯れ枝は家庭の燃料として利用されていたため、松林の中は常にきれいでした。ところが枯れ枝や落葉が多くなると湿度が高くなり、これらを分解する微生物が多くなります。微生物が多くなると、これを餌にする虫や小動物が集まってくるためマツタケ菌の菌糸まで食害され、結果としてマツタケが採れなくなったと言われています。

さてマツタケが採れる場所には共通の条件があります。火山灰土壌は中性から酸性の土壌が多く、弱アルカリを好むマツタケ菌は生息しません。松林の土壌に生息している微生物の種類も問題で、細菌が多い場所や、ムキタケやナメコ、ナラタケ、タモギタケのような人工栽培が可能なキノコが多く見つかる所では、マツタケ菌は生育できないのです。

次に重要なのは松の樹齢です。20年以下の松林ではほとんど採れません。一般には30年以降からで、60年を過ぎると減少すると言われています。こうしてみるとマツタケ菌と松の根の活力との間には深い関係があることがうかがえます。単なる寄生菌なら、宿主植物があれば菌が寄生しますが、マツタケ菌が発芽して成長を開始するためには厳密な条件が必要なのです。

いずれにせよまだまだ未知の部分も多いマツタケ菌の世界です。どうやら簡単にはマツタケ長者にはなれそうにありません。

人類の飢餓を救うカビ

人や動物の病気の多くは細菌によって起こされ、カビによる病気はわずかです。ところが植物の病気を起こす病原菌のほとんどはカビです。

「フザリウム」は土壌病原菌の代表で、作物の道管を伝わって、あっという間に蔓延し、トマトの萎ちょう病やナスの半枯病などの病気を起こします。かつてアカカビ病に汚染された麦が原因で多くの食中毒患者が発生し、ロシアでは死者も出ました。フザリウム菌の生産する毒素によるものです。

こう聞くとフザリウム菌はカビの中の悪玉に聞こえますが、フザリウムの中には病原性のないものもあります。この病原性のないフザリウムは、培養すると菌体内に良質の蛋白質を豊富につくることができるため、栄養価の優れた飼料や食料生産に活用できる可能性を持っているのです。

驚くことに24時間の培養で、菌体500グラムが約30キロに増殖します。体重500キロの牛が1日に500グラムしか増えないのに比べると、猛烈な増加ぶりです。

昭和56(1981)年初め、英国でマイコプロテイン、すなわちカビ蛋白製造プロジェクトが立ち上がりました。カビ蛋白を食用にするという取り組みは、日本の麹菌に代表されるように東洋では目新しいことではありませんが、西洋では違和感をもって見られました。

しかしフザリウムを培養して得られた菌体マイコプロティンは非動物性蛋白で、本物の鶏肉や牛肉と識別できないほど、天然の肉に食感と香りが酷似しています。しかも栄養に富み低脂肪でコレステロールがない健康的な食べ物です。いまでは菜食主義者のミートパイとして人気で、スーパーの店頭に並んでいます。

世界人口は着実に増え続け、従来の農業を主体とした食料生産手段ではもはや供給が追いつかないと言われています。このフザリウムがつくる蛋白源が解決の鍵を握っているかもしれません。

カビでスギ花粉退治

初春は花粉症の人にとっては嫌な季節ですね。

スギはいまから200万年前に出現し、古くから優良な木材資源として盛んに植林が進められてきました。しかし近年では花粉症の発生源として恐れられているようです。この国民病とも言われる花粉症の対策として、無花粉スギの植林が進められていますが、成長には長い年月がかかります。どうにかして花粉の発生を抑えることができないか、様々な研究が進められ、注目されているのがカビを使った抑制法です。

古くから生き続けているスギの大木も人間と同様に多くの病気に悩まされています。スギの病原菌の大部分はカビです。

黒点枝枯病はその名が示すように枝枯れを起こします。この病気の元となるカビは、感染すると病患部に小さな黒点を多数形成します。

早春、地表で越冬した落下スギ枝葉上にカビの子宮に当たる「子のう盤」が形成されます。その中には子のう胞子と呼ばれる10ミクロンくらいの胞子がカビの赤ちゃんとして入っています。胞子は3月上旬から空気中に放出され、花粉飛散中にスギ雄花に付着して感染します。スギ花粉症に悩まされている人には信じられないでしょうが、この病原菌はスギ花粉が大好物なのです。

スギはわずか数ミクロンの病原胞子によって激しい枝枯れを起こし、ひどい時は山全体が真っ赤になり、まるで山火事にでもなったような状態になります。この胞子をスギ花粉撃退に利用してシューッと一噴きスプレーしたいところですが、スギにとって病原菌だけ

に生態系や安全性への配慮が必要になりますから、実用化は難しいでしょう。

同じくスギ雄花を変化させるシドウイアと呼ばれるカビが福島県のスギから見つかりました。スギの木を枯らすことなく、雄花だけを変異させるカビです。このカビをスギに感染させて翌年の花粉の発生を抑えるという新技術が森林総合研究所で開発され、大規模な実施効果試験が始まり、動力噴霧器や無人ヘリコプターで防除剤として散布されています。

カビを使って花粉を退治するこの方法、スギ花粉症に苦しむ全国の人にとって期待の持てる朗報ですね。

【追補】

平成16（2004）年に西会津のスギ林から見つかったカビは、10〜12月に散布すると80％以上の雄花を枯死させることが分かりました。

雄花の中に入ったこのカビは花粉を栄養にし、菌に感染した花粉は菌糸に巻かれて飛ぶことができなくなります。スギ花粉の飛散防止に即効性があり、環境負荷が少ない世界初の技術としてその実用化が期待されました。

その後の研究で実用化への課題も見えてきました。その1つが散布方法です。実際にこのカビの胞子を地上からスプレーで散布するわけにはいきません。このカビの胞子液は、ポタポタと滴るほど散布しなければ高い効果は期待できないからです。広域なスギ林に散布する際には大量の胞子液を無人ヘリコプターなどで散布する必要があります。また散布されたカビが隣接する別のスギに感染を広げるか調べたところ、自然界ではさほど広範囲には広がらなかったようです。スギだって生きていますからこのカビに対抗する術を持っているのかもしれません。

現在のところこのカビは農薬登録をしていないので、すぐに使えるようにはなりませんが、今後、課題を解決したうえで、安全性を検討しながら実用化を目指すようです。近いうちに花粉症対策に即効性のある新たな武器を手に入れることができるようになるかもしれません。

雷様の目覚まし効果

日本では古くから、落雷でキノコが豊作になるという言い伝えがあります。現在、この伝承に科学的根拠を与える研究が進んでいます。私も実際、栽培されている場所に落雷があった後、一斉にシイタケが生えてきているのを見たことがあります。

この現象は電気ショックが原因だということは容易に想像がつきます。また、落雷は雨を伴うことが多いのですが、ほだ木（シイタケをその皮部から発生させるための木材）は水分を吸収でき、周辺にはオゾンが発生するなど、総合的な影響でニョキニョキ生えてきたのではないかと考えられます。ただそのメカニズムはまだ正確にわかっていません。

シイタケの本体は菌糸です。これが枯れた木材を腐朽させ、菌糸体が蓄積されて「キノコのもと」を形成します。通常はこれに光、低温、水分、ガス環境などが影響して子実体（キノコの傘）になるわけです。

キノコに限らず多くのカビは何らかの環境の激変によって身の危険を察し、自らの体（菌糸）を犠牲にして子孫を残すために生殖細胞（胞子）をつくります。「俺はもうダメだ。でもいつの日か環境が良くなったら再生しよう。とりあえず子孫を残すために胞子（種）をつくろう！」とするわけです。

じつは種麹の製造でもその生物の本能（？）を上手に使いこなした方法がとられています。胞子をつくらせるために培養後半で乾燥させるのです。きっと麹菌は「こんな乾燥した中じゃ俺は生きられない。俺は死ぬが子孫に未来を託そう」ということで胞子をつくるからです。

抗癌キノコとして知られる鹿角霊芝（ろっかくれいし）も、あの特徴的な鹿のような角を形成させるには煙ストレスが有効であると言われています。

以前、なかなか胞子をつくらないカビに往生して、ほんの少し紫外線を照射したら、たちまちたくさんの胞子をつくりました。カビは胞子の出来かたや形、サイズなどが属種でそれぞれ異なりますので、その特徴を克明に観察し、それらの特徴と標本に記載された特徴が合致して初めて属種が決まります。胞子を形成したことで正体不明のカビが何者か判明するのです。

雷でキノコが目覚めるように、生き物にとってストレスは子孫を残すための手段の1つなのです。

つまみにならないキノコ

「食べたら飲むな！」。飲酒運転撲滅キャンペーンの標語ではありません。キノコの話です。寒い冬の夜、キノコを肴に酒を飲むのはなんとも風情がありますが、ついつい飲み過ぎて二日酔いになってしまったという経験をお持ちの方も多いと思います。

じつはキノコの中には食べ合わせによって不思

議な作用を起こすものがあるので注意が必要です。深酒したわけでもないのに二日酔いになってしまう、その元凶であるキノコが「ホテイシメジ」です。

傘は中央部がくぼんだ漏斗状で、お猪口に似た形からオチョコダケとも呼ばれ、店頭でも見かける味も上々のキノコです。このホテイシメジはそれだけ食べても何ら異常は起こさないのですが、アルコールが入ると急に胸が苦しくなったり、顔面が紅潮し、頭痛、息切れなど二日酔いの症状が現れたりします。

二日酔いのメカニズムを見てみましょう。一般的にアルコールは肝臓で酵素によりアルデヒドから酢酸へ、最終的には水と二酸化炭素に分解され排出されます。

ところが二日酔いになると、アルデヒドから酢酸に分解する酵素が阻害されるため、アルデヒドが体内に溜まります。このアルデヒドはアルコールの量が多過ぎると代謝が追いつかなくなり、二日酔いの原因となる物質です。ホテイシメジはこのアルデヒドを溜めてしまうのです。

しかも、このアルコール代謝阻害物質は体内に残留し、しばらくはアルコールを飲むたびに発症してしまうので、ホテイシメジを食べたら1週間の禁酒が必要になります。もっともこれは個人差があり、私のように酒に強いとへっちゃらです。ホテイシメジをうまく利用すれば、酒が嫌いになる薬が作れるかもしれません。

アルコール依存症の薬は副作用もあり、コントロールが難しいと言われています。ホテイシメジを用いれば、穏やかに治療することが可能になるかもしれませんね。お酒との食べ合わせで同様の症状を起こすキノコとしてヒトヨタケも知られています。

酒に弱い人はご注意を！　食べたら飲むな！

雪融け促す木の体温

森の雪融けはいつも木の幹の根元から始まります。これは幹の温かさによるものです。生きている樹木の中の水は、外がどんなに寒くても凍ることはありません。夏だってそうです。外がどんなに暑くても煮えたぎることはなく、木立や森の中はひんやりとしていて、木の肌は冷たいですね。キノコを見つけて触れると、もっとしっとりして気味悪いほど冷たい。

しかし、枯れた木や伐採された木の肌は外気温と同じになり、キノコも乾くと冷たさは消えてしまいます。人や動物は死ぬと冷たくなりますが、木やキノコは死ぬと温かくなります。というより、どちらも温度調節機能がなくなり、外気温と同じになるというわけです。

樹木は根の先端から葉の先まで地下から上がってくる水に満たされています。井戸水が夏に冷たく、冬はお湯のように温かく感じるのは、地下水の温度が20℃前後で安定しているからです。この地下水が道管を通り、上に向かって動いてくるのです。春先に木々の幹と根元の雪が融けるのは、この温かさによるものです。雪融けの時期、庭の樹木に触れてみてください。木の温かさを感じ、木が生きていることを実感することでしょう。

水は植物にとって、光合成するためだけでなく、細胞を満たして萎えないようにし、さらには体温調節までしているのです。

植物の維管束は動物の血管に、水は血液に相当する大切な働きをしています。土の中から菌糸や根を通して吸い上げていた水が切れれば、木の体温が外気温と同じになってしまいます。植物に心臓はないのですが、水の流れが止まるのは心肺停止に等しいのです。

じつは水を吸い上げるのは根だけではありません。菌糸も一役担っています。それが「菌根菌」です。菌根菌はほとんどの植物の根に付いていますが、樹木と共生する菌根菌はキノコの仲間が多く、マツタケやトリュフなども菌根菌です。これらは樹木が光合成で作った炭水化物をもらって生きています。代わりに土壌中から吸収した養分を樹木に渡します。

樹木は菌根菌がいないと養分をほとんど吸収できないため、成長できないのです。樹木と菌根菌はまさに持ちつ持たれつの仲良しなのです。

麹に花咲かせる灰

誰でも子供の頃昔話として聞いた、正直者のおじいさんがお殿様の前で枯れ木に灰を撒き、見事な桜を咲かせ褒美をもらう「花咲爺（はなさかじじい）」の話はご存じでしょう。

灰を枯れ木に撒き、花が咲くなんて……と思われる方々がいるかもしれませんが、私ども「もやしもん」（種麹菌〔＝もやし〕の製造販売者）の世界ではこの灰なくして優良な種麹は出来ません。

胞子が着生する様子はタンポポの綿帽子のようです。木灰を使うことによって、麹に花（胞子）が見事に着生します。そう言えば、麹は国字（日本独自の文字）で「糀」とも書きます。まさに的を射た字体と言えます。

先人たちは種麹製造の秘伝として木灰を使うことによって、胞子収量が多く耐久性が高く色彩鮮やかな、極めて純粋で保存性の良い種麹が出来ることを知ったのです。

木灰の利用は、現代微生物学的見地から考えると実に巧妙な方法で、現代でも微生物の保存にはこの方法が応用されています。

微生物の存在すら知られていない大昔に、世界中のどんな民族にも先駆けてこのような「麴菌だけを分離する純粋分離法」「雑菌を混入させずに高密度に純粋培養する方法」「長期間安定保存する方法」を木灰で行っていた日本人の知恵には感服させられます。

そう言えば馬鈴薯（ばれいしょ）を畑の中に埋めて芽を出させる時、丈夫な芽が出るように種馬鈴薯を包丁で半分に切り、切り口に木灰をたっぷり塗ってから埋める農法がありました。

身近なところで灰は様々に活躍しているのです。

古墳のカビ、遺体が防ぐ

文化庁は平成29（2017）年5月11日に修復作業が進む高松塚古墳の極彩色壁画（国宝）のうち「飛鳥美人」で知られる西壁女子群像の写真を公開しました。高松塚古墳の壁画は昭和47（1972）年に発見され、その後、見るも無残に黒いカビに覆われてしまいました。それがやっと修復作業を経て鮮明さを取り戻したのです。

掛け軸や屏風、古い本に褐色の斑点が生じるのはよく見かける現象で、フォクシングと言います。フォクシングの原因はカビです。フォクシングの専門家で弊社OBの新井英夫氏（元・東京国立文化財研究所）は文化財の生物劣化研究の第一人者です。

彼によると「古墳を開けた直後の壁面は非常にきれいだったが、発掘後しばらくするといろいろなカビが生えてきた」というのです。なぜ埋葬から1000年余りの間はカビの害がなかったのでしょうか。

この古墳を発掘するにあたり、あらかじめマイクロチューブを釣竿につけて石室内に忍び込ませ、温度や湿度、大気中の成分、微生物の有無を調べました。

結果、酸素は19％、温度は15℃、特徴的なのが二酸化炭素で、外気の30倍もありました。微生物が十分生息できる環境であるにもかかわらず、1000年もカビの被害がなかったその理由とは……じつはアミンという物質のせいだったのです。

台所の排水溝の嫌な臭いの元がアミンです。古墳内の遺体が腐敗して、蛋白質が分解され、アミノ酸が出来ます。アミンはそこからさらに分解されて出来るのです。殺菌剤で有名なホルマリンなどの100分の1ほどの低濃度のアミンの存在で、カビの繁殖がピタリと止まっていたのです。

しかし古墳を開けたことによってアミンが外界に放出され、カビが増殖できる環境になってしまいました。墓を暴いた祟り（たた）りで壁画にカビが生えたのではなかったのです。つまり

1000年もの長い間、遺体が壁画を守っていたのです。まさに古墳の持つ自浄作用と言えるのではないでしょうか。

菌がつくり出す夢と幻

「世界の3大ブルーチーズ」というのがあります。フランスのロックフォール、イタリアのゴルゴンゾーラ、英国のスティルトンです。ゴルゴンゾーラとスティルトンの原料は牛乳ですが、ロックフォールの原料は羊乳です。スティルトンはエリザベス女王の大好物と言われていますが、食べると変な夢を見るチーズとして知られています。

ブルーチーズの風味を醸成する青カビもキノコも、じつは菌類の仲間です。菌類は、陸上はもちろん土壌や地下、さらには海洋環境にも暮らしており、数知れない生理活性物質をつくり出す能力を持っています。人間はその能力を利用し、抗生物質をはじめとする多くの薬を開発してきました。

中には催幻覚物質を持つ菌類もあり、世界で特定のキノコが宗教儀式などに用いられています。多くの研究者により、菌類のつくり出すこの不思議な物質の解明がされており、いくつかの催幻覚物質成分が発見されています。

ブルーチーズ

とりわけシロシピンやシロシンは脳内の神経伝達物質セロトニンに作用して、わずか０・01グラムで４～６時間にわたりヒトの精神に大きな変容を引き起こすことが知られています。この不思議な力はスイスなどで精神病の治療薬として一時使用されたほどです。
このほか、ワライタケからも催幻覚成分のサイシロシビンが発見されています。
ひょっとしたらスティルトンを醸成する青カビも微弱ながら、何らかの催幻覚作用を持っているのかもしれませんね。そうでなければ英国チーズ委員会が就寝30分前に20グラムのスティルトンを食べた男性の75％、女性の85％が奇妙な夢を見たなどとは発表しないでしょうから……。

第五章

素晴らしき
発酵食品の世界

大豆発酵食品「テンペ」

「テンペ」はインドネシアでは５００年以上も前から親しまれてきた大豆発酵食品です。茹でた大豆にクモノスカビ「リゾープス」を植え付け、約30℃で24時間ほど発酵させて作ります。

食物繊維が豊富で栄養価も高く、同じ大豆発酵食品である納豆のような臭いや粘りもなく食べやすいことから、日本でのニーズも高まっています。特に岡山県では県を挙げてテンペの普及拡大をバックアップしています。

テンペの中に含まれている栄養成分は、テンペ菌の発酵によってパワーアップします。女性ホルモンに似た働きをするイソフラボンも、テンペ菌の持つ酵素によってより人に吸収されやすい型になっているため、乳癌などの女性疾患の予防や更年期障害の軽減、骨粗鬆症の予防に効果があると言われています。さらにテンペに含まれるアミノ酸の一種、ギャバ（ガンマ　アミノ酪酸）はヒトの脳にも存在し、中枢神経伝達物質としても知られており、血圧降下作用などが確認されています。東京都ではこうした栄養成分に注目

テンペ

し、学校給食に取り入れるところも出てきました。

長い歴史の中でそれぞれの民族が本来食べ続けてきた食べ物が、その民族の体質を形成しています。この50年でアジア人の脂肪摂取量は高くなり、高カロリーな肉食文化が急速に普及してきました。

しかし既に形成された大豆食体質を肉食に合った体質に進化させるには、それぞれの民族の歴史に匹敵する年月が必要です。人の一生は遺伝的に進化するのにはあまりにも短い時間です。50年や100年の短期間での食嗜好の変化に体が対応しきれていないため、生活習慣病などが増加しているのでしょう。

テンペは日本人が常食する大豆を原料にしているため体への馴染みが良く、全く違和感がありません。アジア人のDNAが大豆を求めて、この静かなテンペブームに火をつけるかもしれません。

発酵と寿司　微生物の東西対決

発酵と寿司……首を傾げる人もいるかもしれませんが、大いに関係があります。

私たちが食べている握り寿司の先祖は琵琶湖の鮒(フナ)寿司であると言われています。稲作と一緒に日本に伝わったとも言われる古くからの食べ物です。

鮒を塩漬け後、1年以上ご飯に漬け込んで乳酸菌の働きを利用して、保存性と風味を持たせるのが鮒寿司の製造原理です。乳酸菌だけでなく種々の嫌気性菌も存在するので酪酸やプロピオン酸のような臭気成分も蓄積し、臭いは強烈です。そのためあらかじめそれを知っている人か、よほど好奇心の強い人でなければ受け付けないツワモノです。

その後鮒寿司のような臭いの強い寿司は次第に敬遠されるようになり、臭いも弱く出来上がりまでの日数が短い鯖(サバ)、鯵(アジ)、秋刀魚(サンマ)、鮎(アユ)などのいわゆるなれ寿司が作られるようになりました。

鮒寿司やなれ寿司の原料は魚とご飯と塩だけで、麴を使わないのが普通です。

この鮒寿司やなれ寿司には抵抗感のある人が多いと思います。それはなぜでしょうか。東日本の発酵のキーになっている微生物は麴が主体であるのに対し、西日本の発酵のキーは細菌であることが関係しています。言い換えると、東は旨味を麴に求め、酸味を嫌う傾向が強く、西は旨味の起源を乳酸菌がつくる柔らかい酸味に求める傾向があります。漬物を見てもそれは明らかです。東日本では麴の甘さを活かした漬物が主流ですが、西日本では糠(ぬか)漬けが一般的で、乳酸菌がその秘伝の味をつくり出しているのです。

東北など寒冷な地では乳酸菌など、酸をつくり出す細菌は活発に増殖できません。物が腐りにくい環境とも言えます。一方温暖な西日本では、ご飯と塩と自然に発生する乳酸菌の出す酸で腐敗を防止していたのです。

東北には酸味イコール腐敗という文化があり、酸っぱい味を嫌う人が多いのが特徴です。事実驚くべきことに西日本では各町に酢造屋があるのに対し、東日本、特に北東北には数件のみ、北海道にいたっては1軒もありません。このように微生物のつくり出す味は東と西で大きく食文化を分けているのです。

その後、東北や北海道では酢を使わないか、ほんの少量だけ使い、麹を用いる方法が考案されました。鰰（ハタハタ）寿司や北海道の鮭（シャケ）寿司などがそれです。麹を用いることにより寒冷地での発酵を早めようという昔の人の知恵です。それでも生臭みが残るため香辛料や野菜を一緒に漬け込んだのでしょう。

いずれにせよ魚をご飯と一緒に乳酸発酵して作るのが基本でしたが、元禄の頃になると早寿司と言って、ご飯に酢を合わせて魚をつける寿司が関東方面を中心に作られるようになりました。これが今日の握り寿司の始まりと言われています。

鰰寿司

鰰と言えば秋田を代表する県魚です。雷鳴とどろく荒れた日本海で獲れる鰰は秋田の正月には欠かすことのできない祝い魚でした。かつては木箱に溢れんばかりの鰰を何箱も買い求め、各家庭で盛んに鰰寿司作りが行われていたことを懐かしく思い出す秋田の方もいらっしゃることでしょう。

ちなみに昭和30年代の1キロ詰め鰰1箱が30円、木箱代が50円でした。しかし最近では鰰の激減で高級魚と化してしまい、鰰寿司を作る人もずいぶん少なくなりました。

この鰰寿司には他の地域のなれ寿司とは異なった特徴があります。それは鰰を必ずしも塩蔵せず、塩蔵する場合でも短期間で、漬け込みに大量の麹を使うことです。これにより身が硬くならず、ふっくらと軟らかい鰰寿司が出来上がります。

近年では通年販売されるようになった鰰寿司ですが、やはり何か物足りなさを感じていた私は、秋田市にある割烹「大内田」の藤田料理長の作る鰰寿司をご馳走になり感激してしまいました。

ポイントはやはり麹にありました。麹を少量の薄めた酒で一度吸水させ、その後水切りし55℃の温度で一定時間加温し、その麹で鰰を漬けていたのです。この温度は澱粉をブドウ糖に糖化するのに最も適していて、一粒一粒が強力な酵素の塊になり発酵が進みます。このため「ぶりこ」とよばれる魚卵も身も軟らかく麹の旨味が生きた味になるのです。

発酵食品には味のピークがあります。微生物が生きているので時間が経つと乳酸発酵により酸味が増し、味がぼやけてしまうからです。発酵食品こそ旬の味を大切にしなくてはいりません。最高の味は旬の時にその地でいただくに限るのです。

「鮄（ホッケ）の寿司」に舌鼓

鮄の干物といえば居酒屋定番のメニューで、大皿に収まりきらないくらい大きいものを仲間とワイワイつつく魚です。鮄は干物にすると淡白な味で、身離れが良く、とても食べやくなります。この干物もおいしいのですが、先日弘前で食べた「鮄の寿司」も驚くほどおいしいものでした。

春、リンゴの袋掛けの時期に水揚げされた春鮄を1週間ほど軒下につるして干した後、樽に漬け込み、秋のリンゴの袋はぎの頃に食べる農家の保存食であったようです。

弘前の居酒屋「土紋」の女将、工藤賀津子さんによると、あまり脂の乗っていない上等でない鮄を三枚におろして何回も洗い、薄い塩水に浸した後にカラカラになるまで干して鯱の干物にします。それを塩と酢と味醂の合わせ酢で漬け込むのだそうです。漬け込み方は独特で、桶の底に笹の葉を敷き詰めてそこに鯱の皮を下にして一段並べ、その上に人参、生姜、赤唐辛子、米麴や餅米を混ぜたものを敷き詰め、さらにまた笹の葉を敷き詰め何層にもサンドイッチ状に漬け込んでいきます。重石をして涼しい所で発酵を進め、6ヶ月後くらいが食べ頃と言います。乳酸発酵が進み、独特の酸味が利いて癖になる味ですが、これがまた淡麗な津軽の酒によくマッチしていて酒が進むこと進むこと……。

飯寿司（いずし）は乳酸発酵させて作るなれ寿司の一種で、北海道から北陸の日本海側の寒い地域に集中しています。野菜を入れることが特徴で、ほかのなれ寿司に比べると漬ける期間が短いために香りは穏やかで、味は米の甘味があり乳酸の酸っぱさも強くはありません。秋田の鰰寿司も飯寿司の仲間です。

一方で鮒を用いて作られる琵琶湖の鮒寿司はなれ寿司で、野菜を加えることなく魚と飯と塩だけで漬け込まれ、強烈な発酵臭があります。

飯寿司にしろ、なれ寿司にしろ鮮魚か塩漬け、酢漬けにした魚体を使うことが多いのですが、鯱の寿司は海から遠い津軽地方内陸部にあり、干した魚体を使うというのが特徴です。海から遠いからこそ発展した津軽独特の発酵珍味と言えます。

津軽では古くから海の幸を上手に利用して、生鮮の魚に勝るとも劣らない発酵食品として発展させてきたのです。

チョコレートも発酵食品なのです

2月14日はバレンタインデーです。日本中でたくさんのチョコレートが愛を届けることでしょう。

さて、そのチョコレートですが、どうやって作るかご存じですか？「そりゃあ板チョコ砕いて溶かして型に入れて……」。いやいや、それはバレンタインデーの前に一生懸命チョコレート作りをした女性陣は百も承知のはず。私が言いたいのはカカオ豆からチョコレートが出来上がる工程のことです。

じつは……チョコレートって発酵食品なのです。

チョコレートの原料になるカカオは20センチぐらいのラグビーボールのような果実です。カカオ豆は2000年以上前から中南米で飲料として親しまれていました。現在の固形チョコレートになったのは100年ほど前です。

厚さ約1センチの殻の中のパルプと呼ばれる白い果肉に30〜40粒の種子が入っています。この種子がカカオ豆です。これを発酵させるのです。

発酵方法は大きく分けて2つあります。西アフリカなどではバナナの葉でカカオ豆を包んで発酵させるヒープ法、中南米では木箱に入れて発酵させるボックス法が主流です。

葉で包むことによって葉に付着している微生物がカカオ豆上に増殖します。発酵期間は1週間ほど。この間の豆の温度は50℃まで上昇し、果肉であるパルプがドロドロに溶け、その成分をカカオ豆が吸収します。風味の決め手は発酵にあります。発酵時に種子は一度発芽しながら高温と酸によって死んでいきます。

この発芽はとても重要で、発芽していない豆で作られたチョコレートにはあの独特の風味がないのです。現在でも種菌（スターター）は使用せず完全な自然発酵です。純粋な高密度の種菌を使う日本の納豆や乳酸飲料、酒とはまるで違う天然発酵なのです。

フグ毒を微生物が分解

先日、金沢の友人が当地の伝統的発酵食品である「フグ卵巣の糠漬け」を持ってきてくれました。金沢市近郊の石川県白山市美川(みかわ)町で、数軒だけ製造を許されている逸品です。「大丈夫だ。味見したけどこの通りピンピンしているぞ」と笑っています。

フグの卵巣は、それ1個で20人を致死させるほど猛毒です。これを原料に使うだけでも信じられないのに、さらにその毒を無毒化しているのですから、まさに驚くべき発酵の力です。

フグは2月から6月の産卵期がおいしいと言われますが、この時期に毒性が強まるので始末が悪いのです。フグ毒（テトロドトキシン）中毒は体内に入ってから早い時は20〜30分、通常は3〜6時間で発症します。まず舌や唇がしびれ、やがて知覚が麻痺し、呼吸困難に陥っていきます。恐ろしや、恐ろしや！　中毒のほとんどが素人のフグ料理で発生していますから、素人判断は禁物です。

これほどの猛毒を持っていながら、フグ自身は何ともないから不思議です。フグの神経系はこの猛毒に感応しないのです。

じつはこの毒、フグ自身の体内でつくられるのではなく、摂取した海藻に付着している「シュワネラ　アルガ」という微生物、そのほか複数のプランクトンや細菌類に由来します。これがテトロドトキシンをつくるのです。結局フグは食物連鎖の過程で、体内に猛毒を溜め込んでいたのです。

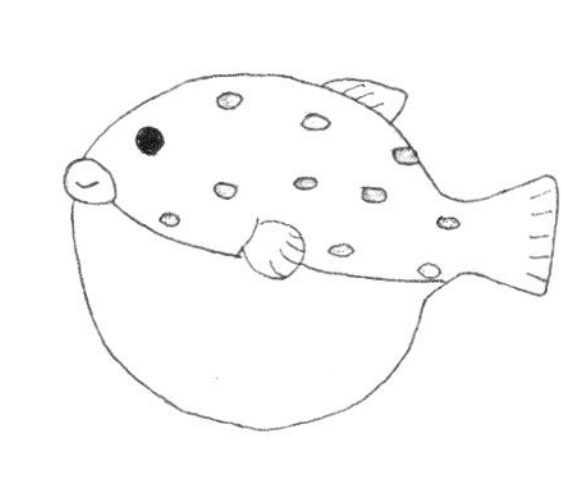

さてフグ卵巣の糠漬けですが、美川地区では明治初期より盛んに製造が行われ、マフグ、ゴマフグ、サバフグといった猛毒フグが原料です。その製造方法ですが、卵巣を30％とい

う超高濃度の塩の中で1年間保存した後、糠に漬け込むそうです。一般の魚の糠漬けに比べて塩の量が多く、発酵期間も長いのが特徴です。

フグ卵巣の塩分より外の塩分濃度が高いため浸透圧が生じ、フグ卵巣の中の水分や毒素が外に移動します。そして糠漬けによって、残留した毒が耐塩性の乳酸菌や酵母を中心とした発酵微生物の作用を受けて分解され、解毒されているのです。

フグ卵巣の糠漬けの食中毒は皆無で、石川・美川の名物土産となっています。私もこの通りピンピンしています。

塩ウニ、熟成いらずの旨味

「水産物の発酵食品は？」と聞かれ、まず誰もが思い浮かべるのがイカの塩辛でしょう。

一方、「塩ウニ」「からすみ」「このわた」は江戸時代から伝わる日本3大珍味で、これらを思い浮かべる愛飲家も多いと思います。伝統的なイカの塩辛はイカの筋肉、内臓に十数%の食塩を加えて腐敗を防ぎながら、その内臓に含まれる酵素の働きで自らの体を分解消化して特有の風味を醸成させたもので、麹菌や酵母、乳酸菌の関与はありません。

塩ウニはウニの卵巣と精巣ですが、イカの塩辛と同様に内臓に含まれる酵素で自らの体を分解する自己消化が速いので、しばらく置くと身崩れを起こしてドロドロになってしまいます。卵巣や精巣は生物にとって重要な器官ですから生きている間は自己消化が起こらないのですが、死ぬと一気に自己消化が進んでしまいます。そこで塩蔵すると余分な水分が抜けて1年以上日持ちし、塩馴れしてソフトキャラメルに近い舌触りと濃厚な風味となり、生ウニとは異なる味になります。

ウニの味をつくるアミノ酸はグリシン、アラニン、グルタミン酸、バリン、メチオニンの5つですが、これらのバランスが崩れて分解されていく中で、独特のおいしさが新たに出来上がっていくのです。

塩ウニ

前述した通り、メチオニンは単独では苦味がありますが、これを欠くとウニ独特の味が無くなり、エビやカニの味に似てしまうというから不思議です。

土産店で見かける瓶詰のウニは粒ウニと練りウニがありますが、両方とも塩とアルコールを加えたものです。塩ウニはイカの塩辛やしょっつるのように熟成による味の変化を期待するより、むしろ成分の変化を極力抑えて新鮮な状態を保つことが重要なようです。

ウニには原料の段階で十分な旨味が含まれていて、イカのように熟成中に旨味の増加に頼る必要がないためでしょう。それゆえ、塩ウニはイカの塩辛のような長期熟成の必要がありません。ウニの塩辛とは言わず、塩ウニと呼ばれる所以(ゆえん)です。

塩ウニは日本酒の最高の肴ですが、塩分やコレステロールも多いので、食べ過ぎには注意しましょう。自戒をこめて……。

カスピ海ヨーグルトで病気知らず

超高齢社会を迎え、注目されているのが「健康寿命」です。介護など必要とせず健康でいられる期間のことです。この健康寿命100歳以上のお年寄りがたくさん暮らす国として知られるのが旧ソ連コーカサス地方の国、ジョージアです。

ジョージアでは各家庭でヨーグルトを作り、驚くことに毎食どんぶり1杯ものヨーグルトを食べるそうです。カスピ海ヨーグルトとして日本でも人気がありますから、ご存じの方も多いと思います。

このヨーグルトは食感が独特です。とろりとした粘りがあり、食べるというより飲むという感覚です。どんぶり1杯飲めてしまうのは、この食感にも理由があるようです。

自家製ですから味は各家庭で違います。日本の味噌や漬物にその家の味があるように、ジョージアではヨーグルトに我が家の味があるのです。

牛乳はたくさんの菌が好んで取り付く食品ですから、菌は中の成分（餌）を取り合うように増殖競争をして、たくさん増殖した菌が勝利を収めてほかの菌はいなくなります。大腸菌や納豆菌などの雑菌が勝てば牛乳は「腐った」ことになり、乳酸菌が勝てば「発酵した」食品になるのです。

ジョージアのヨーグルトからは丸い型の乳酸菌「ラクトコッカス　ラクチス　サブスピーシス　クレモリス」という長い名前の菌と、棒状の「グルコノバクター」という2種類の菌が出てきます。クレモリス菌は20～30℃の常温で最も増殖し、酸素の少ない環境で乳糖やブドウ糖から乳酸をつくると同時に、粘性多糖類を合成して菌の外へ放出します。これに乳酸で固まった乳蛋白質と乳脂肪が合わさってあの独特の粘りをつくり出しているのです。

この粘性多糖類は胃や腸で消化されにくいので食物繊維として働き、便通を良くする作用があり免疫力を高める効果やコレステロール値を下げる効果が知られています。

もう1つの重要な微生物グルコノバクターは乳酸菌ではありません。酢酸菌の仲間で酸素がなければ増殖できませんから、酸素を求めて表面近くで集中的に増殖します。その結果牛乳の中の酸素は消費され、酸素の少ない環境で増殖するクレモリス菌による粘性多糖類が大量に生み出されるわけです。

さてこのカスピ海ヨーグルト、私は毎日食べています。おかげで病気知らず！　これからも微生物の力で健康寿命を延ばしたいものです。

葛餅に発酵の技あり

涼しげな見た目から夏の菓子として人気のある葛餅は、プルンとした独特の食感があります。原料の葛粉は、葛の根に澱粉が集まる冬に根を粉砕し、水で洗い、その搾り汁を溜めて澱粉を沈殿させ、アク抜きを繰り返して出来上がります。混じりけのない葛粉は本葛と呼ばれ、とても高価です。

葛粉は冷めにくく、冷えると固まる性質を利用して和菓子によく使われます。また薬効もあり、体を温め血行を良くするため風邪薬（葛根湯）として古くから使われてきました。

先日沖縄を訪れた際、葛の根澱粉ではなく、「芋くず」と呼ばれるサツマイモ澱粉がスーパーで売られているのを目にしました。

葛餅は葛粉から作られる餅だと思っていましたが、沖縄のものはサツマイモがルーツ。

関西では透明な生地に餡を包んだ水饅頭が有名で、これは正真正銘本葛粉由来ですが、なんと関東の葛餅は小麦粉から作られているのです。そこには発酵の技が生きていました。小麦粉澱粉を乳酸発酵して作る葛餅と本葛から作る葛餅は、製法が全く異なっているのです。

小麦粉から発酵法で作られる関東の葛餅ですが、小麦粉澱粉をスギの木桶に入れて、なんと450日も寝かせるのです。400日では風味が若過ぎ、500日では味が落ちるというのです。これは木桶を使うのがミソで、古くから使われている木桶には「ロイコノストック　メッセントロイデス」という低温で栄養分の少ない環境下で増殖する蔵付き乳酸菌が棲みついています。

この乳酸菌は酒の「生酛」を造る際に必ず出現してくるいくつかの乳酸菌の1つです。神戸市東灘の菊正宗酒造株式会社ではいまでも生酛を造る時には50年以上経った木桶を使っており、そこからはいつも同じ乳酸菌が出てくるのだそうです。葛餅の木桶にも酒造りの木桶にも彼らが棲みついているんですね。

1年以上も寝かせた小麦粉はもちっとした歯触りとわずかな酸味があり、まさに夏の味です。プラスチック製の桶では決して醸し出せない、木桶とそこに潜む乳酸菌、そしてゆったりと流れる長い時間が作ってくれる食感と言えるでしょう。

栄養満点、発酵食品

食材を発酵させると、微生物の持つ多種多様な酵素が働き、その食材がもともと持っている栄養価よりもはるかに高い栄養価の発酵食品が生まれます。

その代表が納豆です。煮た大豆とそれに納豆菌を繁殖させて作った納豆を比較すると、納豆のほうが圧倒的に栄養価が高いのです。納豆1００グラムの蛋白質は卵3個分あり、消化率は煮豆で68％程度なのに、納豆にすると85％まで上昇します。さらに納豆菌の発酵により、ビタミンB_2が煮豆の6倍にもなります。

弥生時代には既に納豆に類似したものが食べられていたようで、初めは塩辛納豆（煮大豆に麹を加えて乾燥したもの）が出来、それから糸引き納豆が誕生したと考えられています。この糸引き納豆は日本で発生し、江戸時代になってから製造業者が現れ、庶民の味として普及しました。糸を引く納豆をそのままホカホカのご飯にかけて食べるのは日本人だけです。

米飯中心の食生活の場合、必須アミノ酸は米飯ではリジンが、また納豆ではメチオニンとシスチンの含硫アミノ酸が不足しますが、米飯と納豆を同時に摂取するとアミノ酸組成が著しく改善されるので、この組み合わせは抜群なのです。

じつは外国にも納豆に似た納豆モドキがあります。中国のトウチ（豆鼓）、朝鮮のチョングッジャン（戦国醤）、タイのトワナオ、ネパールのキネマなどです。これらは大豆を細菌で発酵させるところや匂い、保存食にするところなどは日本の納豆と似ていますが、形や食べ方は大きく異なっています。発酵させた後、つぶして乾燥し、丸めて調味料としてスープに入れて食べます。

不思議なことにヨーロッパには納豆に似た大豆発酵食品がありません。チーズやヨーグルトなど乳酸菌で発酵させる食文化があったため、大豆を加工する食文化が育たなかったのでしょう。しかし、おもしろいことに第二次世界大戦でドイツ軍が納豆を兵糧食として利用していたのです。ドイツ軍が納豆に興味を持ったのは、日露戦争の戦いぶりを見た時だと言われています。小さな体の日本兵がやたらと強いのは、大豆製品を食べているからだと思ったようです。

肉に劣らぬ栄養価があり、しかも安価で貯蔵も運搬も容易だったことが幸いしました。ドイツ軍は糸引き納豆をそのまま食べたわけではありません。食べ方を研究し、豚肉と混ぜてソーセージにしたり燻製にしたりして、ドイツ人でも食べられる兵糧食に加工していたのです。

納豆はいまや世界中から注目を浴びており、インターナショナルな健康食品になりつつあります。

驚異の納豆パワー

前項では発酵によって飛躍的に向上する納豆の栄養価について紹介しましたが、今項ではその生理活性機能や薬効を紹介します。

いまから30年前、私の古い友人、須見洋行氏が納豆のネバネバの中から「ナットウキナーゼ」という強力な血栓溶解作用を持った酵素を発見しました。この発見以来、納豆にまつわる新事実が次々に明らかにされてきました。ナットウキナーゼの血栓溶解活性は血栓症の薬であるウロキナーゼやt-PAよりはるかに強力で副作用もありません。ウロキナーゼやt-PAは体内に入ると2~3分で分解され活性を失ってしまうのに対し、ナットウキナーゼは6~8時間も効果を持続するという優れものです。

納豆を食べるなら、納豆汁など熱を加えた料理にはしないほうがよいでしょう。ナットウキナーゼは酵素で、70℃以上の温度で活性を失ってしまうからです。

理想としては卵と混ぜて夕食に食べるのがよいでしょう。卵の白身の蛋白質には酵素を安定化させる作用がありますし、血栓症は夜から早朝にかけて発生しやすいからです。

納豆には血栓溶解作用のほかにも様々な薬効があります。よく知られているものでは、消化促進作用、整腸作用、抗菌作用、制癌作用、強壮作用などです。

なぜ納豆にはこれほどすごいパワーがあるのでしょうか。納豆は大豆を納豆菌という細菌で発酵させてつくります。そのため畑の肉と言われるほど蛋白質が豊富に含まれている大豆の栄養素に、納豆菌が作り出した酵素が加わり、様々な生理活性や薬効が生まれるのです。

消化促進作用や整腸作用は、納豆菌が大豆の蛋白質を消化しやすいように分解し、そのうえさらにたくさんの酵素を生産して腸内を清掃するからです。感染症を防ぐのは、納豆菌に自分以外の菌を殺してしまう性質があるためです。そして制癌作用は、納豆菌に癌細胞を破壊する働きがあるからなのです。

驚異の納豆パワーです。今日から納豆様と呼びましょう！

納豆のルーツ

「秋田名物八森ハタハタ、男鹿で男鹿ぶりこ、能代春慶（のしろしゅんけい）、檜山納豆（ひやまなっとう）、大館曲げわっぱ」

これは民謡秋田音頭の一節です。ここに歌われている檜山納豆は室町時代に下級武士が家計を助けるために始めたと言われています。現在、唯一その製法を引き継いでいるのが檜山納豆株式会社社長で15代目当主西村庄右衛門さんです。

檜山納豆は、稲わらを舟形にした「わらづと」に地元檜山の大粒大豆を硬めに蒸して、納豆菌を混ぜて詰めます。24時間ほど発酵させた納豆は、大豆にちりめんじわが入っており、硬めで歯ごたえがあります。わらづとを使っているせいか納豆にほのかな香りが付き食欲をそそる逸品です。

スーパーで見かける納豆はプラスチック容器に入ったものが主流ですが、「わらづと」に包まれた納豆には訳があります。

納豆菌はもともと広く自然界に生息する細菌で多くの雑菌と一緒に生息しています。現在の納豆は純粋培養された納豆菌を接種して作られますが、昔はワラを沸騰したお湯につけて煮出しました。ワラに生息する雑菌を死滅させ消毒するためです。

じつは納豆菌の胞子は極めて耐熱性が高く、沸騰したお湯の中でも死滅することはありません。煮出したワラに蒸煮した大豆を包むと種菌を接種しなくとも、ワラの中で生きながらえた耐熱性のある胞子が発芽して大豆に猛烈な勢いで繁殖するのです。ワラを使うことによって純粋培養した種菌を接種しなくとも優良な納豆を作ることができるという古(いにしえ)の知恵です。

さてこの納豆に対する嗜好性を探ると面白いことに気づきます。江戸時代の箱根の関所を境にして大きな隔たり、断層があると言ってもいいかもしれません。

つまり関東、東北では納豆を好んで食べますが、関西以西つまり中部、近畿、中四国、九州では納豆を食べる人はあまりいません。しかし、福岡や熊本など九州の一部の人は納豆好きが多いのです。なぜでしょうか。

いまから約970年前、前九年の役で八幡太郎義家の軍に敗れた安倍宗任は筑紫の国に流され僧となりました。文人であった宗任は奥州の文化を九州に伝えました。その中の1つが糸引き納豆であったというのです。福岡の人が納豆を好む理由です。

熊本の人はというと、これまた別の説があります。築城の名手加藤清正が秀吉の命で朝鮮出兵した際、煮豆を俵に詰めて兵糧として運んだ際に腐ってしまい、粘り臭いました。ところが清正の部下達はその糸引き豆を「香ばしい、香ばしい」と舌鼓をうち、これが地元熊本に根付いたとされています。いまでも私の熊本の友人は納豆のことをコルマメ（香り豆）と呼んでいます。

納豆のネバネバ

納豆と言えばあの糸を引くネバネバが特徴ですが、これは納豆菌が分泌するもので、旨味成分のグルタミン酸が鎖のように長くつながったものと、砂糖の成分である果糖が集まってつくられるフラクタンという物質から出来ています。グルタミン酸はネバネバの本体であると同時においしさの素でもあります。一方フラクタンには味はありませんが、ネバネバを安定させる役割を担っています。

このネバネバは、納豆菌が活発に増殖している間はつくられません。大豆の周りが納豆菌だらけになり、密度が高くなって必要な栄養が足りなくなるとネバネバを蓄え始めるのです。

食卓に登場する納豆は、食べる時にちょうどネバネバするように発酵時間を調整したうえで出荷されていますが、そのまま納豆菌を培養しているとやがてネバネバは消えてなくなってしまいます。なぜ長時間保存した納豆はネバネバしないのでしょうか。じつは納豆菌は栄養がなくなると、今度は蓄えていたネバネバを分解して自らの栄養源とするのです。つまりあのネバネバは、納豆菌にとって大切な保存食なのです。不思議なことに、納豆菌以外の細菌はこのネバネバを食べることができません。限られた栄養分をいち早く自分だけで使えるようにと編み出された、納豆菌生き残り戦力のひとつなのです。納豆菌にとって保存食であるネバネバを、人間が横取りして旨い旨いと食べているわけです。

このように細菌が自分の周りにどれくらい栄養があるのかを知る情報システムを、「クオラムセンシング」と言います。納豆菌はフェロモンを細胞の外へ分泌して、周辺の栄養状態や仲間の納豆菌の密生具合をモニターしながら、それを解析してネバネバの量を調整するという素晴らしい能力を持っているのです。

くさやに生きる細菌たち

日本の臭い食べ物ベスト3に必ず入るものといえば、やはり「くさや」でしょう。学生の頃、友人のアパートの共同キッチンでくさやを焼いて大ひんしゅくを買ったことがありました。くさやは、魚そのものが発酵して臭いのではありません。魚を天日干しにする前に短時間漬けるくさや液がものすごい臭いを発しているのです。

くさやがいつ頃からつくられるようになったかはよくわかっていませんが、いまも伊豆諸島で盛んに製造されています。

もともと干物を作る際の防腐処理として、塩水に漬けたのがくさやの始まりです。かつて塩は貴重品であったため、塩水を使い回していたところ、やがて魚から溶け出した成分を栄養とする細菌が棲み着いて、あのくさや液が出来上がったというわけです。くさや液は一子相伝。作り替えられることもなく代々受け継がれているため、茶色く粘性があり強烈な臭いを発します。

くさや液の細菌群は人の腸内細菌同様、培養しようとしても培養できない菌が多いため、その実態はよくわかっていません。顕微鏡で観察した限りではコリネバクテリウムやシュードモナス、クロストリジウムといった好アルカリ好塩菌が主体です。くさや液1ミリリットル当たり数千万から億に近い数の細菌がウジャウジャいるのです。ただしこの中には病原性大腸菌などの食中毒の原因になるような細菌は、一切検出されません。見た目や臭いからイメージするよりはるかに衛生的な食べ物です。

また、くさやは通常の塩を使った干物よりも長持ちすることが知られています。これはくさや液から干物に移った細菌が抗生物質を分泌して、腐敗菌を抑制しているためだと考えられています。まさにくさやは無数の細菌たちの連携プレーでつくられた逸品なのです。

お茶って「発酵食品」？

緑茶は無発酵茶、ウーロン茶は半発酵茶、紅茶は完全発酵茶という分類を聞いたことがある人は多いでしょう。かつてコマーシャルで繰り返し流されましたから。この表現から、お茶は発酵食品だと思われるかもしれませんが、発酵食品に含まれるお茶はほんの一部だけなのです。

この3種類のお茶の違いは「茶葉の作りかた」です。緑茶、ウーロン茶、紅茶などのお茶は、すべて学名が「カメリア　シネンシス」というツバキ科の茶の木から出来ています。この茶葉は発酵が進むにつれて成分のカテキン（タンニン）が酸化し、赤くなっていきます。発酵とはいうものの、お茶の発酵は茶葉そのものに含まれる酸化酵素によって成分が酸化されます。通常発酵には微生物が関与しますが、お茶の製造には微生物が関与する工程はありません。

緑茶の製造では摘み取った茶葉をすぐに加熱処理するので、酵素は働きません。酵素は蛋白質なので、卵を加熱すると蛋白質が固まってゆで卵になるように、蛋白質が変性して酵素本来の力を失ってしまいます。ですから緑茶では酵素が死んでしまい、それ以上酸化が進行しないのです。

ウーロン茶は適度の酸化が進行してから加熱処理します。

紅茶は乾燥後に揉み込むことにより茶葉の細胞組織を破壊し、葉の中の酸化酵素を含んだ成分を外部に搾り出し、空気に触れさせて酸化発酵を促します。この酸化酵素こそ紅茶の香り、味、コクを作る鍵を握っていて、紅茶と緑茶の根本的な違いとなっているのです。完全に酸化するまで待つ間に茶葉に含まれるカテキンが結合して褐色になり、完全発酵茶が出来上がります。

緑茶が発酵して紅茶が生まれたなどという俗説を聞くことがありますが、緑茶が発酵して紅茶になることはあり得ないのです。

微生物が関与する本当の意味での発酵によって作られるお茶もあります。痩せるお茶として有名なプーアル茶がその代表格です。

中国雲南省で作られるプーアル茶は、緑茶を積み上げて放置し、自然に繁殖する麹菌によって熟成されるので、カビ臭い風味が特徴です。ここでは紅茶に見られるような酸化酵素による酸化反応をさせず、麹菌による発酵で味や香りを生み出しているのです。つまり、加熱することで茶葉に含まれる酸化酵素の働きを止めてから葉を揉みつぶし、形状を整えるまでは全く緑茶と同じ製造工程をとりますが、緑茶はそのまま乾燥させるのに対し、プーアル茶は乾燥させずに茶葉に麹菌を増殖させます。こうして微生物の働きによって発酵を進め、出来上がるというわけです。後で発酵させるので、ほかのお茶と区別して後発酵茶とも呼ばれています。

この後発酵茶は中国のプーアル茶だけではありません。じつは日本にもあります。その1つが徳島県で作られる阿波番茶(あわばんちゃ)です。阿波番茶は加熱処理した茶葉を桶に漬け込み、乳酸菌で乳酸発酵させた後に乾燥します。甘酸っぱい風味が特徴です。

高知県の山間部で作られる碁石茶(ごいしちゃ)も後発酵茶です。碁石茶は加熱処理した茶葉を1週間ほどムシロで覆って放置し、まず麹菌を繁殖させ、それをさらに桶に漬け込み、今度は乳酸菌で乳酸発酵させて作る世界でも珍しい二段発酵茶です。

お茶と言ってもその製法は実に様々で奥が深いのです。

メンマと発酵

メンマはシナチクとも呼ばれ、ラーメンには欠かせない食材です。シナチクは台湾の伝統食材で現地では乾筍(カンスン)と呼ばれています。メンマの名称は、日本の貿易会社が台湾のカンスンを支那竹と名付けて輸入販売したところ、昭和20年代に台湾政府より「台湾産なのに支那（中国）竹とはどういうことか！」とお叱りを受け、新たな商品名としてラーメン（麺）の上に載せるマチク（麻竹）だから、それぞれから一文字取ってメンマ（麺麻）になったとか。その後中国を支那と呼ぶのが自粛された影響もあって、シナチクは徐々にメンマに言い換えられるようになりました。

さてそのメンマですが、じつは発酵食品であることをご存じでしたか？　メンマの風味は乳酸発酵によるもので、単に干したり塩漬けにしただけではあの味は生まれません。台湾の本格的なメンマ製造工程を見てみましょう。

原料のマチクは竹です。主に東南アジアで採れ、沖縄でも育ちます。私たちが春に食べる孟宗竹（もうそうちく）や、お馴染みのネマガリタケのようなタケノコとは違います。２メートルにも伸びた若いマチクを刈り取り、その場で皮を剝ぎ、先端部分の穂先と節の部分とに分けます。軟らかい穂先は２時間蒸し、硬い節の部分は何度もアク抜きをして３時間もかけて煮ます。この穂先と節を大きな桶に幾重にも重ねていっぱいに詰めたら上からしっかりと蓋をして、そのまま１ヶ月乳酸発酵させるのです。

乳酸発酵によりマチクのえぐみがなくなり、天然の甘味と酸

味が生まれます。また乳酸菌の働きにより雑菌を死滅させ、独特の歯ごたえを残しながら繊維を軟らかくすることができるのです。発酵が終わると3日から7日天日乾燥し、裁断機にかけた後、さらに天日乾燥してから塩漬けにし、メンマは作られるのです。

たくさんの手間と乳酸菌の力で出来るメンマ。今度ラーメンを食べる時はじっくりと発酵の奥深さを味わってみてください。

発酵させたバター、発酵なしのバター

トーストの上でトロリと溶けたバターの香りと味は最高です。バターは乳を利用した加工食品としては最も古い歴史を持っており、インドでは紀元前2000年頃、既に存在していたと言われています。

一口にバターと言っても乳酸発酵の有無、食塩添加の有無などによりいくつかに分けられます。日本で見かけるバターのほとんどは発酵なしの加塩タイプで、食塩は風味と保存性を高めるために2％添加されます。お菓子作りなどに使われるのは無塩バターで、これも発酵なしです。

一方ヨーロッパでは一般的にバターと言えば発酵バターです。

どちらのバターもすべて生乳から作られます。生乳を遠心分離機という脱水機のような機械でクリームと脱脂乳に分離した後、このクリームを70～80℃で加熱殺菌します。ここまでは発酵バターも非発酵バターも一緒です。この工程の後にクリーム中の脂肪分解酵素（リパーゼ）が働かないようにして急冷し、種菌として乳酸菌を添加して発酵させたのが発酵バターです。

発酵バターはチーズのような独特の香りとコクが加わった深い味わいがありますが、乳酸菌が生きていますので保存性は良くありません。

発酵バターの製造に用いられる乳酸菌は芳香生産性乳酸菌で、多くの場合「ラクトコッカス　ラクチス」や「ロイコノストック」属の乳酸菌が一緒に存在しています。これは人為的に作られた組み合わせではなく、よく出来た製品の一部を残しておいて次に植え継ぐ手法で、友種式（ともだねしき）と呼ばれており、長い年月を経て現在に伝えられた混合培養というものです。

発酵バター

発酵バターも非発酵バターも熟成後の工程は全く同じです。熟成させたクリームを10℃前後で激しく攪拌（かくはん）し、その振動により大豆粒くらいの脂肪粒（バター粒）と脂肪以外の成分（バターミルク）に分けて、バターミルクを除去します。バター粒を十分に練ることにより乳脂肪に細かい水分が含まれた乳化状態になり、滑らかなバターが仕上がるのです。バターのコクと風味は80％を占める乳脂肪によるもので、３００種以上の成分が絡み合って出来ていて、人工的に再現するのはとても困難です。

　私は発酵タイプのバターが好きなので、北海道のトラピスト修道院や岩手の小岩井農場から取り寄せて楽しんでいます。

万能！　柿酢

　冬、葉の落ちてしまった木に柿が残っているのを見ると、寂しい気持ちになるのは私だけではないでしょう。

　その柿を使った柿酢の作り方を紹介しましょう。原料の渋柿は完熟すると糖度が30度以上になるので、放っておいても野生酵母が活発に繁殖します。野生酵母の中にはアルコール発酵を旺盛にする酵母もいるので、柿をあまり丁寧に洗うと付着している野生酵母が流され、後の発酵がスムーズにいかない場合があります。酵母にとってアルコール発酵する際に酸素は必要あ

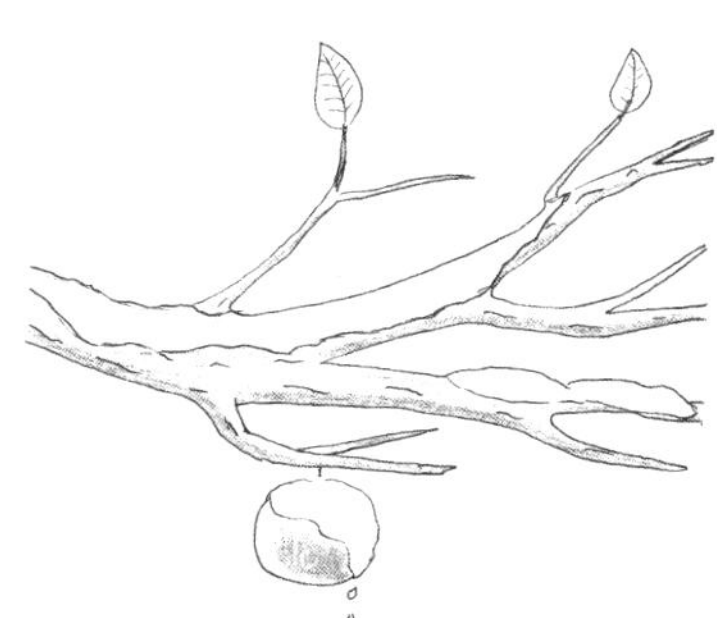

りません。

軟らかくなってきた渋柿のヘタを取り、ビニール袋に入れてつぶし、袋の中の空気を抜きます。やがて柿に付着していた酵母は柿の糖を食べて炭酸ガスとアルコールをつくります。袋は炭酸ガスで膨れてきますから袋のガスを抜き、酸素のない状態でアルコール発酵をさらに進めます。

柿は晩秋に収穫して冬に仕込みますが、気温が低ければ発酵がスムーズに進みませんので、その時は加温が必要になります。

酢酸菌はアルコールを食べて酢をつくり出すので、あらかじめ酵母によるアルコール発酵がある程度進んでいることが重要です。この時点で柿ワインになっています。酢酸菌は酵母と違って酸素が大好きですから、ガラス容器に移してから空気の通りが良くなるように瓶をサラシ布で覆って酢酸発酵を進めたほうがいいでしょう。

酵母によるアルコール発酵が終わりに近づくと酢酸菌が活発にアルコールを食べ始め、酢の匂いとともに酸素を求める酢酸菌が表面に薄い白い酢酸菌膜を張ってきます。この菌膜が出来れば酢酸菌が無事に働いている証拠なのでひとまず安心です。そのまま熟成を進め、1年から2年熟成させます。熟成期間が長ければ長いほど酸のカドも取れてまろやかな味になり、柿酢の完成です。

柿酢には便秘解消効果や口臭予防効果、ダイエット効果、高血圧の予防効果、食欲増進効果、疲労回復効果、冷え解消効果などたくさんの効果が知られています。お試しあれ。

旨味成分をつくる細菌

グルタミン酸は昆布の旨味成分として池田菊苗が明治時代に発見しました。蛋白質を構成するアミノ酸の1つで、当初昆布から抽出していましたが、後に小麦や大豆に含まれる蛋白質をドロドロに分解してその中からグルタミン酸を生産したので、とても高価でした。

そこで何とかしてグルタミン酸を発酵生産できないものかと菌の探索がなされ、昭和31（1956）年に協和発酵工業（現・協和キリン株式会社）の鵜高重三によって「コリネバクテリュム　グルタミカス」という細菌が発見されました。以来、糖蜜を原料にしてこの細菌を大量に培養することが可能になり、値段が劇的に低下して、「味の素」と呼ばれる旨味調味料が世界中で使われるようになったのです。

この細菌の発見が契機となり、微生物を利用して各種のアミノ酸を生産する発酵工業が発展しました。この発明は20世紀の十大発明の1つとして数えられています。

グルタミン酸ナトリウムはかつて「化学調味料」と呼ばれた時期もありますが、現在はすべて微生物を用いた発酵法により生産されていて、「旨味調味料」や「アミノ酸」と呼ばれて広く使われています。化学調味料というネーミングのせいで「これは石油から作られているから絶対食べてはいけない」などと、結構グルタミン酸ナトリウムを毛嫌いする人たちも多く、あちこちで食べてはいけない添加物として槍玉にあげられています。しかし世界では、グルタミン酸ナトリウムは塩や酢と同じ安全性の高い添加物に分類されており、1日の許容摂取量が「設定の必要なし」とされています。

グルタミン酸ナトリウムは細菌による発酵生産物です。旨味調味料が健康に良くないというのは都市伝説のようなもので、根拠のないものと考えていいでしょう。

一昔前にはグルタミン酸ナトリウム(味の素)を食べると頭が良くなるという話がまことしやかに語られていた時期がありました。そういえば何にでも味の素を振りかける友人がいました。これまた都市伝説。

グルタミン酸ナトリウムは通常の使用量で問題が起きることはありませんが、ただ舌がしびれるほどのグルタミン酸ナトリウムを使った料理を食べ続けると、グルタミン酸ナトリウムがないと満足感が得られにくく、「味音痴」になってしまいます。グルタミン酸ナトリウムに限らず、味が濃くてはっきりしたものを食べ続けると、薄味が物足りなくなるのと同じです。何事も節度が重要ということでしょう。

発酵の味・母の味はなぜおいしい？

味覚はもともと、生存に必要なものと害のあるものとを見極めるためのセンサーです。甘味はエネルギー源として、旨味は蛋白源として、塩味はミネラルとして、酸味は腐敗、苦味は毒物として動物は認識します。だから犬は酸味や苦味のあるものは食べません。人間にとってビールなどで「おいしい」と感じる苦味は本来毒のシグナルで、食欲をそそる酸味は腐敗を示す警告でした。

人にとって「おいしい」と感じるかどうかは、コクやまろやかさなどの食べ物の質感、匂い、記憶が複合的に結びついて決まります。個人によって味の感じ方が違うのもこのためです。こうした感じ方の違いはどのように形成されていくのでしょうか。その最も基本的な要因は小さい頃にそれを食べ慣れていたかどうかです。物心つく頃にはもうその味を知っていたとしたら、脳の発達過程で脳細胞がその味を覚え込んでしまう、いわゆる「刷り込み」された状態になっているのです。

刷り込みというのは生後間もなく経験したことが成長後の生理機能や行動に永続的に影響を及ぼすことを言います。アヒルの子が最初に見た動く物を母親と思い込み、後を付いて回る行動と同じです。

ただし味覚の場合は、生後すぐにたった1回の経験で永続的な嗜好性は獲得できないと言われています。数年間にわたり繰り返しその味を経験することによって、刷り込み状態になるのです。ですから、豊かなふるさとの味、手作りの味で育った子供は舌がその味を覚えていて、大人になって何かを食べた時に突然、「母の味」としてよみがえるのです。地方出身の人が久しぶりに漬物などの発酵食品を食べた時に、懐かしくおいしいと思えるのも幼児期の食体験によるものなのです。

第六章

人と微生物の切っても切れない関係

微生物ハンターで一攫千金

地球上のどんな環境にも耐えうる驚異の生命体「微生物」。一握りの土には世界の人口にも匹敵する数の微生物が生息しています。

小さな微生物の大きなパワーを求めて、いま世界では微生物獲得競争が激しさを増しています。ペニシリンに代表される青カビも、カビの中でも特定の菌種、さらには同じ菌種でも限られた菌株によってしかつくられないので、その生産菌を独占した企業は途方もない利益を上げることができるのです。少し気の利いた泥棒なら、どんな銀行や美術品を狙うよりも、1本の試験管に生えた貴重なカビを盗むほうが割がいいと考えるに違いありません。

特殊な能力を持った微生物はどこに隠れているかわかりません。それを見つけ出すのが「微生物ハンター」の仕事です。微生物ハンターは釣り人と同じで、太公望(たいこうぼう)が釣れる場所や時間、天候をよく知っているように、彼らもまた目的の微生物が取れるそうした条件をよく知っています。太公望は道具にもこだわります。どこにどんな撒き餌をし、どんな重りと針

でどれくらいの深さに仕掛けるか、いわばこれが名人のノウハウなのですが、微生物ハンターも全く同じで、いそうな所に出向き、目的とする微生物の好物（餌）を準備します。そして、天文学的にいるたくさんの微生物の中から目的とする微生物だけを釣り上げる方法を考えるのです。つまりカビを釣り上げたければ、共存する細菌が邪魔になりますから細菌の生育を抑える抗生物質を、細菌を釣り上げたければカビの生育を抑える抗真菌剤を餌に混ぜ込んでおくのです。

このほかにも様々な手を使って微生物ハンターは、一獲千金を夢見て人里離れた地でいまも釣りを楽しんでいるのです。

世界の歴史を変えたカビ

カビの中には地中でどんどん広がって増殖していく種類もたくさんいます。ジャガイモ疫病菌とかジャガイモベト病とも呼ばれる「フィトフィトラ　インフェタンス」というカビはジャガイモに特異的に寄生し、遊走糸と呼ばれる動物の精子のように水中を泳ぐことのできる胞子を形成し、土の中を泳ぎ回る変わったカビです。ですから長雨の後によく発生します。

水分が少ない土壌では「胞子のう」と呼ばれる器官から直接菌糸を伸ばして増殖することも可能で、環境に応じてその機能を変化させることができます。

ジャガイモの茎や葉にこのカビが寄生するとジャガイモを軟化させ、悪臭を伴って腐敗させ、食用とするのが不可能になる厄介な病気です。

さて時は１８４５年のこと。当時のアイルランドは主食がジャガイモでしたが、天候不順でジャガイモ疫病が大発生しました。畑から畑へとアッと言う間に広がったこのカビの大発生は豊作の翌年に起きました。

その原因は、小作人たちが余ったジャガイモのうち病気にかかっていたジャガイモをそのまま畑に捨てたため、越冬した「胞子のう」が再び発芽したからだと言われています。これにより１００万のアイルランドの貧しい人々が飢餓で亡くなり、２００万もの人々が新天地を求めて北アメリカに移住しました。

１９６０年、その移民の子孫から第35代アメリカ合衆国大統領ジョン・Ｆ・ケネディが出たのです。彼の祖先がジャガイモを栽培し、この病気と出くわすことがなかったら、アメリカ大統領という役割をケネディが果たすことはなかったに違いありません。

目に見えないカビが世界の歴史を変え、１人の人間を大統領にまで導いていったのです。

微生物を最初に見た男

１６３２年10月、オランダの小さな街デルフトで偉大な２人の男の子が生まれました。１人はアントニ・ファン・レーウェンフック。顕微鏡を作り、微生物学の父と呼ばれています。

そしてもう１人がヨハネス・フェルメールです。言わずと知れた光の天才画家です。「青いターバンの少女」や「牛乳を注ぐ女」はあまりにも有名です。

さてレーウェンフックですが、彼は織物商の傍ら、虫ピンの頭より小さなレンズを磨き上げ２枚の金属板の間にセットして、世界で初めて顕微鏡を作りました。

アントニ・ファン・レーウェンフック

織物商の彼は、洋服生地の品質判定のため虫眼鏡を使って生地の細部を見ていました。それゆえレンズの取り扱い経験が豊富でした。彼の作った顕微鏡の拡大倍率はなんと２５０～２７０倍もありました。それを使って彼は歯垢（しこう）や唾液の中に小さな生き物がいること、そしてその生き物の数が酢ですすぐと減ることも観察しました。酢の殺菌効果は彼が最初に記述したのです。

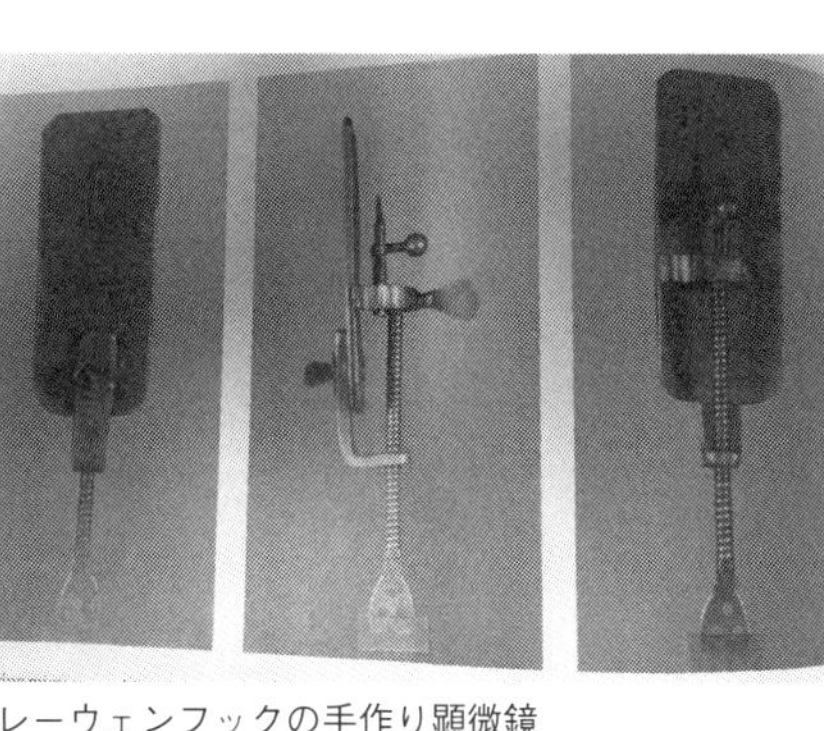
レーウェンフックの手作り顕微鏡

彼は世界で最初に微生物を自分の目で見ただけでなく、精子や赤血球といった肉眼では見えない生物体も発見しました。レーウェンフックによる微生物の発見は、生物が霊的な力によって自然に発生するという古代ギリシャ以来の自然発生説に新たな問題を投げかけ、様々な論争を生み出すことになりました。

レーウェンフックの観察記録はロンドンの王立協会へ送られ、当時の科学専門誌に掲載されました。じつはこの観察記録は彼自身の手によるものではありません。「自分で絵を描けないので有能な画家に頼んで描いてもらった」との記載があります。これらのスケッチは明らかに科学者の目によって描かれたものではなく、芸術家の目によって描かれた滑らかな明暗の連続による精密なものです。ひょっとするとこのスケッチは、親友フェルメールの手によるものなのかもしれません。

さてその顕微鏡ですが、ピョートル大帝やメアリー王女に献上した顕微鏡も含め、387台を自作しました。そのうち現存するのはわずか10台です。

私がかつてデルフトに住んでいた時に手に入れた、彼の生誕350周年を記念して製作された顕微鏡のレプリカが、弊社で展示されています。

死んだふりする水虫菌

しぶとい水虫に悩まされている方々も多いことでしょう。水虫患者は世界に5億人、10人に1人はいると言われています。かつて水虫はオヤジだけのもののように言われていましたが、じつは若い女性の中にも猛烈な足の痒(かゆ)みに悩んでいる人が増えているそうです。

水虫を起こす犯人、それは「トリコフィトン」というカビです。このカビは人の皮膚の角質が大好きです。これまで何度も紹介したように、ほとんどのカビは悪食で何にでも食らいつきますが、このトリコフィトンは角質一筋です。

人の皮膚は表皮、真皮、皮下組織の3層で構成されますが、一番上の層である表皮はさらに4つの層に分かれており、最外層にあるのがいわゆる角質層です。トリコフィトンは酵素を出しながら角質を溶かし、菌糸を伸ばしていきます。

もともと角質の細胞は死んだ細胞、つまり垢(あか)ですので、異物の侵入に対する免疫反応が起きません。つまり痛くも痒くもないから厄介なのです。しかし感染が進むと、やがて角質層下部の層の生きた細胞を刺激するので、痒くなり炎症反応が起きてきます。

水虫の薬はトリコフィトンを殺す抗真菌剤の塗り薬が主力です。カビは真菌とも呼ばれ、細菌を殺す抗生物質は効きません。そこで真菌には真菌に効く抗真菌剤を使用することになるのです。

しかしこのカビ、抗真菌剤が来ると死んだふりをするのが得意なんです！　熊に出合ったら死んだふりをしろ！……あれです。

抗真菌剤が塗られ危険を察知すると、自らの菌糸を太くしてその中に短い仕切りをつくって休眠してしまいます。仕切られた1つ1つの節は、やがて肥大し球状の耐久細胞をつくります。耐久というくらいですから、多少の過酷な環境下であってもじっと我慢して生き延びます。なんとか生き延び、環境が良くなると再び発芽して菌糸を伸ばし角質を食べ続けるのです。このため水虫は治りにくいのです。

「菌食」ダイエット成功

毎年受ける人間ドックで、私は体重を大幅に減らすようにいつも指導を受けてしまいます。たしかにこのまま増加を続ければ100キロ、つまり0・1トンという世界に突入することになりかねません。これは大変と、ダイエットを決意。でも食べることと飲むことが何より好きな私は、とても我慢を自分に強いるようなダイエットはできません。そこで実行したのが、キノコ食、「菌食」です。

私たちが普段食べているキノコは麴菌などの菌類の仲間です。菌類のうちで比較的大型の子実体を形成するのがキノコです。

このキノコを数種類たっぷりと鍋に入れ、野菜や豆腐などと煮込んで食べるのです。キノコは健康食品としてしばしば名前が挙げられますが、どんな成分が含まれているのでしょう。

栄養素ではありませんが、人が消化吸収できない食物成分を食物繊維と呼びます。キノコはこの食物繊維の塊です。食物繊維は発癌(がん)物質およびコレステロールなどを吸着して体内への吸収を防ぐほか、腸内の有用な細菌の発育を促進する重要な働きをします。

またキノコには全アミノ酸の25～40%を占めるトリプトファンなどの必須アミノ酸や、旨味の素であるグルタミン酸、動脈硬化症の予防に有効であるとされるリノール酸が含まれています。さらにビタミンDの前駆体であるエルゴステロールも多く含まれています。

ただ、エルゴステロールをビタミンDに変換するには紫外線が必要ですので、ビタミンDを摂りたいなら、天日乾燥した干しシイタケなどがいいでしょう。

このほかミネラルのリンやカリウムも含まれていて栄養価が高いにもかかわらず、カロリーが大変低いため、私のようにたらふく食べたい者にはもってこいです。キノコはまさに成人病の予防効果を兼ね備えた素晴らしい食品と言えます。

かくして私は1ヶ月で10キロの減量に成功したのであります。痩せたいと思っている方はぜひお試しあれ。

菌でシワが消える

先日久しぶりに秋田市の歓楽街川反(かわばた)で飲んだ時のこと。店のママさんが「見て見て。シワが消えたでしょう。菌でシワが消えるのよ」と興奮して言います。今項はこのシワを消す菌の話です。

じつはそれはボツリヌス菌という食中毒の原因となる菌です。かつて熊本で起きた辛子レンコン食中毒を思い出す方も多いと思います。ボツリヌス菌は細菌の仲間ですが、この細菌はちょっと変わった性質を持っています。嫌気性菌と言って、酸素が嫌いなのです。

ただ酸素が嫌いなだけで、酸素があるところでは仮死状態になっています。耐熱性があり、熱では死にません。その毒素は猛毒で、真空パックになった辛子レンコンの中でどんどん増えて毒素を出していたのです。油で揚げてもどこ吹く風です。

もともとボツリヌス菌のつくる毒素は生物兵器のために開発されたものですが、1980年代に入るとボツリヌス毒が筋肉を緩めるという働きを応用して、顔面麻痺を治療するために使われ始めました。1989年にはＦＤＡ（米国食品医薬品局）で認可を受け、臨床薬として世界中で使われています。ボツリヌス菌毒は神経と筋肉との接合部位に限定して作用するので、適正量を使用すれば体に害を与えることなくシワの治療などに効果が現れます。

眉間の縦ジワは筋肉が過剰に収縮することにより生じますが、麻痺して眉を寄せることができなくなるため、シワが消失するのです。使用する量は極めて微量なため副作用もなく、注射による処方のため簡単で安全にシワのない顔に変身できるのです。

この川反のママさんもウン万円かけて、ウン十年前のシワのない顔に変身していたのです。まことに菌というものは、その場その時に応じていろいろな働きをするものです。

菌の力で名器の音色

バイオリンの名器といえばイタリアのストラディバリが製作したストラディバリウスがあまりにも有名です。日本音楽財団が平成25（2013）年、英国のオークションに出品し、約12億円で落札されたというニュースをご記憶の方もいるでしょう。

以前チェコ・フィルハーモニーのバイオリン奏者を紹介され、目の前で彼の奏でるストラディバリウスを聴いたことがありますが、これがあの名器かと興奮したものです。

ストラディバリウスに匹敵する音が出るバイオリンを作ろうと、長い間たくさんの人たちが研究をしてきました。スイスの樹病学者のシュバルツェ博士はトンビマイタケ科とクロサイワイタケ科の木材腐朽菌に着目、良質な音作りに役立つことを突き止めました。

トンビマイタケは旧盆過ぎに秋田や山形でも見られるキノコで、市場に出回っている量は少なく値段も高く、その味は一度食べたら病みつきになります。このキノコは名前の通り最初はトンビのように黄褐色をしていますが、一度触れるとひだが反転してカラスのよ

うに真っ黒に変わるのです。

一方、クロサイワイタケは食べられないキノコで、見た目のせいか、英国では「死んだ情婦の指」というホラーな別名が付いていています。

シュバルツェ博士はこれらキノコの胞子が菌糸を伸ばし、木の細胞壁をじわじわと分解していき、完全に破壊せずに細胞壁を薄くすることに注目しました。キノコの作用により音波が容易に通り抜けられる堅い基盤を残しつつ軽量化し、かつ柔軟性を損なうことがない木材へと変貌(へんぼう)するのです。さらには木の振動を抑える機能が倍増して、耳障りな高音が抑制される効果も確認されました。

この菌類で処理された木材で製作されたバイオリンと、200万ドルのストラディバリウスの演奏を聴き比べる試みが2013年米国で行われました。驚いたことに、大半の聴衆は博士のキノコバイオリンがストラディバリウスだと判断したのです。

恐るべし菌の力!

やすり作り、味噌がミソ

広島は酒どころで、呉市にも多くの酒造会社があります。先日、そこの老杜氏(とうじ)が味噌にまつわるおもしろい話をしてくれました。

近所のやすり工場の前を通ると味噌の焼けるいい匂いが漂ってきて、聞くとやすりに味噌を塗ってあぶっているという話です。工業製品のやすりと食品の味噌、この妙な取り合わせに私は首を傾げました。

呉市は軍港でした。やすりは造船に欠かせないものとして発展し、いまも日本のやすり生産の95％のシェアを誇っています。

やすりの材料は日本刀と同じ砂鉄を原料とする玉鋼です。玉鋼は非常に硬く、そのままだとやすりの目を切ることができません。そこで硬度を下げて研磨をし、タガネと呼ばれる刃物が取り付けられた機械で一本ずつ目を切っていきます。

次が注目の味噌付け工程です。やすりの目立ての後、焼き入れをする前に味噌をゴシゴシ塗るのです。味噌付けされたやすりを約８００℃でドロドロになっている鉛の中に入れます。やすりが十分熱せられたら冷水に入れ、硬度を高めます。いわゆる焼き入れです。

味噌を塗るのはやすりの目に鉛が詰まらないようにす

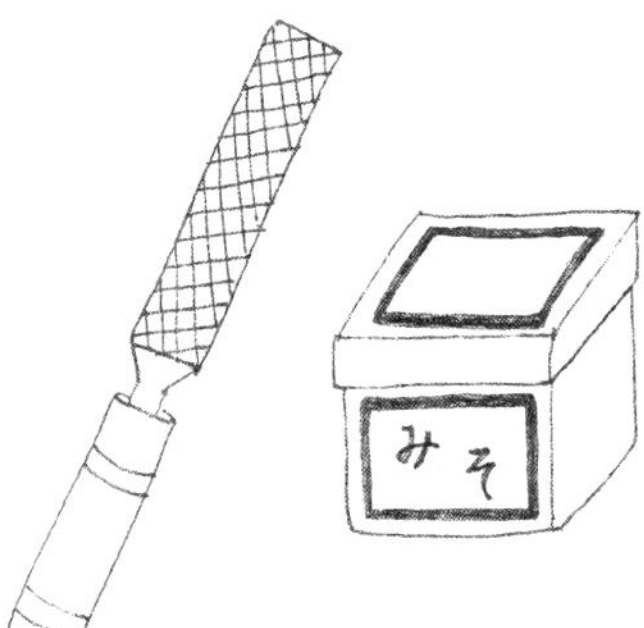

るためで、これにより完全な焼き入れができます。しかも味噌に含まれる炭素がやすりに吸収され、より硬いやすりが出来上がるのです。

味噌の種類や調合次第でやすりの仕上がりが変わるため、やすりメーカーにとってはどの味噌を使うかは企業秘密です。味噌は古ければ古いほど良いという職人もいれば、新しいほうが良いという職人もいます。米麴味噌だ、いや、ぜったい素麴味噌がいいと議論はつきません。企業秘密の味噌は会社ごとに壺に入れて大切に保管していたことから、やすり屋さんの社名は「壷玉」「壷若」などみんな壷が付くのです。おもしろいですね。

お婆ちゃんの味噌漬けの大根やキュウリ、ナスはおいしいものですが、やすり職人もまた味噌付けには熟練の技を必要とするのです。こうした知恵は昔の人が現在に残してくれた大きな遺産と言えるでしょう。

細菌を利用した「藍染め」

ジーンズの生地、デニムを作るのに使われ、日本で「藍」と呼ばれるインディゴはいまではほとんど合成品ですが、もともとは熱帯植物由来の天然染料でした。

布地を染めるためには水に溶かして繊維に染み込ませなければなりませんが、インディイゴは水に溶けません。そのためヨーロッパでは化学反応を起こしてから水に溶かすという複雑な工程を経て染色が行われています。

一方、日本では細菌を利用した発酵法という独自の方法で作られています。まず藍と呼ばれるタデ科の植物の葉を細かく刻んで乾燥させ、山積みにします。そして数日おきに水をかけながらかき混ぜると発酵が始まり、約3ヶ月かけて「すくも」と呼ばれる堆肥状の発酵生産物が出来上がります。

すくもの出来は水のかけ方、かき混ぜ方、温度の管理で大きく違ってきます。このすくもが染料の出来を大きく左右するため、藍師と呼ばれる職人が付きっきりで世話をするのです。

その後、藍師は保温のために土に埋め込んだ壷の中にぬるま湯を注ぎ、すくもと細菌の栄養源となる清酒や水あめと消石灰を入れ、好アルカリ菌で発酵を進めます。するとすくもに含まれているインディゴが酵素反応で還元され、水に溶ける染色液が出来上がります。染色液の仕込みから発酵が完了して染色可能になるまでの期間は、夏場で1～2週間、冬場で3～4週間ほどかかります。

こうして出来上がった染色液はロイコインディゴと呼ばれる黄色い色をしています。この中に繊維を浸けて引き上げると、空気に触れたロイコインディゴが反応を起こし、ジーンス独特の美しい青色に発色されるのです。藍染めの布は消臭効果、細菌の増殖を抑制する効果、虫除け効果などもある優れものです。

今となってはほとんどが合成色素で染色されていますが、藍染めを伝統産業として保護している徳島県では、藍住町（あいずみちょう）という町まであって、いまでもその伝統を守り伝えています。

ペニシリン秘話

米国でペニシリンの大量生産が始まった頃、やっと日本にペニシリン情報がもたらされました。陸軍少佐稲垣克彦医師が、ドイツ潜水艦Uボートで運ばれてきたドイツ医学誌からその論文を見つけ、碧素（へきそ）（ペニシリンの日本名）研究が始まりました。

碧素の碧は青色のことで、青カビの色にちなんでいます。わずか6ヶ月でペニシリンを完成させよという軍の命令があり、当時15万円、現在の金額で3億円相当の予算がつきました。昭和20（１９４５）年10月、ついに臨床試験に成功。国産ペニシリンの生産が開始されました。

ちなみに3年後には、ペニシリン学術協議会の登録会社はじつに80社にものぼりました。抗菌活性が低くても生産すれば売れる時代だったようです。

終戦を迎え、GHQはペニシリン研究の権威、フォスター博士を米国から招き、日本人の指導にあたらせました。彼は、米国が6年の歳月と当時のお金で2000万ドルという莫大な研究費を投じて得たペニシリン開発の秘訣を、惜しげもなくすべて公開講演しました。これにより彼は「日本のペニシリンの恩人」と言われています。

ペニシリンを作るための菌株、青カビQ－176株も米国から与えられました。このQ－176株は、かつて米国が優秀な菌株を必死に探していた時、米国農務省北部地域研究所のあるペオリア市の一主婦が届けたメロンの青カビから分離したものです。この菌株は改良を続けながら、現在も使われています。

昭和24（1949）年、日本ペニシリン学術協議会創立3周年記念式典で、GHQのサムス大佐が次のように述べています。「現在、世界でペニシリンの自給ができる国は3つしかありません。英国、米国、日本です」と。

敗戦直前1年半の極限状態の中でペニシリンの研究を進め、戦後急速な発展を遂げたのは、米国や英国のペニシリン研究に負けまいとする多くの学者の努力の賜物でした。

さらに日本には、古くから麴菌を巧みに操る醸造という技術がありました。カビの種類が違うにせよ、青カビを使ったペニシリン開発には日本の発酵というお家芸が活かされていたのです。

肥だめが支えた循環社会

先日気心の知れた仲間との飲み会で、「肥だめ」の話になりました。肥だめは「ドツボ」とも呼ばれるそうです。ドツボにはまると抜け出せないし、臭いし、大変です。

いまでは見ることのなくなった肥だめですが、江戸時代には人糞（じんぷん）は主要な肥料でした。当時、江戸の街は世界一の人口を誇る100万人都市でした。そこから出る人糞は廃棄物ではなく、お金で買い取られる商品として流通していました。肥料の原料として再利用されていたのです。これを舟などで郊外まで運ぶ「おわい屋」と呼ばれる職業もありました。

おもしろいのはその人糞にもグレードがあったのです。武士の家から出るものは上物、商家は中物、町人長屋のものは下物として引き取られたのです。魚など動物性の食物を食べていた家のウンチは窒素分が豊富だったのでしょう。江戸の街から出る人糞は贅沢（ぜいたく）な人々の排泄（はいせつ）物でしたから、農家も高値で引き取りました。天保年間にはこの人糞の争奪戦が勃発し、勘定奉行より公定価格が示されるほどの人気だったといいます。

私たちが子供の頃は、畑のいたるところに肥だめがありました。中には糞尿が蓄えられ、畑に撒くまでの間じっくりと「発酵」「熟成」されていました。

この過程が大変重要なのです。直射日光が当たらないように板で影を作り、その下に溜めます。好気性で発酵させるためには空気の入れ替えが重要で、そのため畑に下肥を撒くのに使う柄の長い大きな黒いひしゃくで撹拌するのです。肥だめはある意味、衛生的な発酵装置ともいえます。

一定期間、肥だめに糞尿を入れることにより発酵が始まり、温度が上昇し、病気の原因となる病原菌や寄生虫を死滅させるのです。発酵という過程を踏まずに糞尿を直接肥料にすると、大変なことになります。糞尿の窒素は主にアンモニア態窒素で、土壌中にこれが多いと植物には有害です。また糞が分解する際のメタンガスや熱で、作物にダメージを与えてしまうからです。

畑から肥だめがなくなってずいぶん経ちます。化学肥料の普及や高度経済成長期の大量消費・大量廃棄などにより、完璧に近かった我が国の糞尿のリサイクルシステムは完全に崩壊してしまったのです。

悪臭を極上の肥料に変える微生物

光合成細菌は、発酵食品に用いられる乳酸菌や納豆菌などと比べてあまり聞きなれない微生物です。しかしこの光合成細菌、地球にまだ酸素がなかった時代から生きながらえている原始生物の1つです。

光合成細菌というくらいですから太陽エネルギーを利用して生育する細菌で、水田、河川、湖沼、土壌中のいたるところに生息しています。特に臭いドブには必ずいます。

光合成細菌は硫化水素など、作物の害になる物質をパクパク食べて増殖します。硫化水素は卵の腐ったような、魚の腐ったような臭いがしますが、この臭い物質を餌にしますから、食べてしまえばその悪臭は消え去ってしまいます。そのため臭気、汚水処理、畜舎の環境改善などに用いられています。さらにその菌体に溜め込んだアミノ酸や核酸は、作物の味を良くし収量の向上が期待できる極上肥料になるのです。

通常、光合成細菌が生育できるのは光のある、酸素が欠乏した状況（嫌気条件）ですが、光がなくても増殖するので、土の中でも活躍することができるのです。土着の光合成細菌は肥沃(ひよく)な田んぼにも多く生息していて、顕微鏡で見ると「おたまじゃくし」のようなしっぽを振りながら泳ぎまわっています。素足で田んぼに入った時に足裏に感じる泥のヌルリとした感触。それが光合成細菌などの微生物の触感です。

成長期の稲は根の伸長も盛んで、葉や茎から取り込んだ酸素が根にたくさん送られていきます。そのため根の周りは酸化状態で、好気性の微生物など棲（す）みついています。

やがて穂が形成される頃になると、根に送られてくる酸素は減り、急激に還元状態になります。すると根の周りには硫酸還元菌が増殖し、硫化水素をつくります。それを待ち構えているのが硫化水素を食べる光合成細菌です。ちょうど穂の形成から出穂のあたりで急増し、その体の中にアミノ酸を溜め込むので、それが稲の極上肥料になるのです。

光合成細菌が農業で重宝されているもう1つの理由は、空気中の窒素を固定化することができるということです。肥料の3大要素の1つ窒素は植物の生育に最も大きく影響する元素です。空気中に大量に存在する窒素ですが、気体のままでは植物は利用できません。そこで窒素を植物が利用しやすい水に溶け込む形にしますが、これを窒素固定と言います。

光合成細菌は稲の根の周りに好気性の納豆菌のような細菌が共存すると、窒素を固定化できることが知られています。光合成細菌は納豆菌の仲間、「バチルス　メガテリウス」の出すピルビン酸を餌にして増殖し、自分の周りにヌルヌルした粘性物質を出して周囲の環境を嫌気状態にしているのです。足の裏で感じたあのヌルヌルはまさにそれです。

さらに光合成細菌は田んぼのような完全な湛水（かんすい）状態でなくとも、湿ったような条件のところであれば棲みつくことができますから畑でも役立つのです。

【追補】

「自前で出来る安い極上肥料」ということで、光合成細菌の増やし方を伝授しましょう。市販の光合成細菌種菌を入手したら、ペットボトルに少量の削り節を水と混ぜて種菌を入れます。空気溜まりが出来ないように密栓して嫌気条件を作り、日光の当たる所で30～40℃を保ちながら、放置しておきます。春から秋にかけては温度も太陽光も十分なので、3週間も培養すれば紅色の光合成細菌を自前で増やすことができます。

時々ペットボトルをコロコロ転がし攪拌（かくはん）してください。純粋培養は設備がないとできませんので、この場合納豆菌のような好気性の細菌も雑菌として一緒に生えてきますから、容器内の酸素を消費して容器はへこみます。定期的にキャップをゆるめて空気を補うと元に戻ります。そうすると酸素不足の好気性細菌も長生きします。

少量の糖と酵母を入れて嫌気環境をつくる方法もあります。この場合は要注意。エキス中の酵母が酸素を消費して嫌気条件をつくるので光合成細菌はより活性化しますが、酵母を入れることによって炭酸ガスが発生します。そのため時々栓をゆるめて適度なガス抜きをする必要があります。それを怠って爆発でもしたら一大事です。メガトン級の猛烈な悪臭が撒き散らされることになります。くれぐれも室内ではやらないこと。ご用心ください。

微生物に「ノーベル賞」を

平成27（2015）年、ノーベル医学・生理学賞に輝いた大村智先生の「この賞は微生物にあげたい」という言葉を聞き、微生物に対する認識を新たにされた方も多いと思います。

私もツエツエバエが媒介する熱帯病「眠り病」に効果を示す放線菌の大量培養を北里大学から依頼され、お手伝いしたことがありましたので、先生の受賞を我が事のようによろこびました。

1グラムの土壌には1億個の微生物がいると言われ、その中から効率良く目的の菌を選び出すには工夫と経験が必要です。大村先生は地道な作業を経て、数千の菌から寄生虫の駆除薬として有望な数株を特定したのです。

特殊な能力を持つ菌はどこに隠れているかわかりませんから、私もチャック付きのビニール袋をいつも持ち歩いています。釣り人と同じで、どのような環境の所に隠れているか熟練してくるとわかるのです。

この手の研究は宝探しのようなもので、当たるかどうかわからないので論文になりにくく、若い研究者はやりたがりません。最近はコンビケムと呼ばれる遺伝子解析や蛋白質の構造解析からコンピューターを使って化合物を設計する研究が主流です。大村先生のような天然物（微生物）の中から有用なものを見つけ出す「微生物ハンター」方式は、あまり歓迎されなくなりました。

しかし大村先生はノーベル賞受賞で、この古めかしい手法がいかに大きな可能性を秘めているかを示してくれました。嬉しいことです。

人類を救うような菌が見つかるのは単なる偶然ではありません。どんな場合も科学的基礎と観察力が備わってこそ発見があるのです。チャンスは誰にでもあるのですが、それは準備した人にしか巡ってこないのです。

どのような病気と戦う時も、そこには必ず私たちを助けてくれる微生物が存在します。微生物は私たちの過去と現在を形づくってきました。そして確実に未来をも形づくっていくのです。「微生物にお願いすればかなえられないことはない」とは我が国の応用微生物学の祖、坂口謹一郎先生の言葉です。まさにこの言葉を証明したノーベル賞受賞でした。

人工降雪で活躍する細菌

雪国では暖冬になると雪かきや雪下ろしから解放され、よろこばれるものです。でも、雪が降らないと困ってしまうこともたくさんあるようです。冬の横手の伝統行事「かまくら」や湯沢の「犬っこ」など秋田の冬の祭りに雪は欠かせません。スキー場も雪を待ちわびています。大雪になると関係者はホッとするのではないでしょうか。

この雪ですが、水の凍結する温度はその水の純度や周辺の環境、水滴の大きさによって異なります。水は0℃で凍るものだと一般的に考えられていますが、不純物やゴミなどの混じっていないきれいな水は「振動を与えない」「ゆっくり温度を下げる」などの条件を満たすと、過冷却という現象が発生してマイナス39℃付近まで凍りません。ところが「シュードモナス　フルオレセンス」という細菌を添加すると、0℃よりも高い温度で凍ってしまいます。

春の晩霜、秋の初霜は農作物に大きな被害を及ぼします。なぜこの時期に農作物の葉の上に付いた水滴が凍るのか長い間不明でした。トウモロコシ、桑、茶などからシュードモナス属やエルウィニア属、キサントモナス属の細菌が発見され、霜害の発生には細菌が関与していることがわかりました。

このような細菌を氷核細菌と呼びます。この氷核細菌が分泌する蛋白質、糖、脂質、ポリアミンなどが混じり合った物質が、水の凍結温度を上昇させるのです。

空気中の水分はマイナス7℃以下に冷却されると雪になります。ところがこの物質が存在すると、マイナス0・5℃で雪になることがわかりました。つまり、気温が0℃を切るあたりで、殺菌して粉にした氷核細菌を混ぜた水をホースから霧のように噴き出せば、容易に雪を降らせることができるのです。この技術は人工降雪機に導入されていて、雪の少ないスキー場では必須のツールです。

この氷核細菌を使うことで0℃に近い高温域での凍結が可能になるので、果汁や卵白の凍結濃縮、生鮮食品の風味や機能を保持する凍結促進剤など、食品工業での活用が期待されています。微生物って、我々人類がまだ知らない無限の可能性をたくさん持っているんですね。

麦角(ばっかく)菌と麻薬

カビは穀物の種子にも寄生します。麦角とはどんなものでしょう。麦角はイネ科植物の花に寄生する麦角菌「クラビセプス　パープレア」というカビがつくる特徴のある菌核です。ライ麦などに寄生すると、ネズミの糞のような形と色をした菌核を生じます。菌核というのは寄生菌の菌糸が絡み合い、密着することによって内部に多量の養分を蓄えるとともに、外界に対して強い抵抗力を持つことにより、種を保存するために形成される器官です。

この麦角ですが、かつては恐怖の対象でした。この菌に冒されたライ麦を食べた人々が次々に奇病にかかったのです。麦角菌は血管を収縮させて血行を妨げ、やがて血液が全く流れなくなり手足が黒ずんで、焼け焦げたような状態で手足を失って最終的に死に至るため、中世には「聖アントニウスの火」と呼ばれていました。

一方、ヨーロッパの助産婦たちは麦角を子宮収縮促進の目的で古くから応用していて、後にエルゴタミンなどの子宮収縮成分だけが単離され使われるようになりました。日本でも戦時中に、盛岡で麦角菌が寄生したライ麦パンを食べた妊婦が多数流産した事例があります。

ただ不思議なことに、ドイツではこの麦角を「秘薬」として「エルゴット」と呼び、保存する人が大勢いました。興味をそそられたスイスの製薬会社が、どこが「秘薬」なのか研究したところ、この化合物の蒸気を吸引すると意識は正常なのに、種々の幻覚を起こすことがわかったのです。ＬＳＤです。

ＬＳＤは麦角の毒から半合成されたもので、わずか10万分の１グラムでも幻覚を生ずると言われる史上最強の幻覚剤です。我が国では１９７０年に「ＬＳＤは麻薬である」と指定され、厳重に取り締まりがされています。

聖なるキノコの正体に注目

世界には宗教儀式に用いられる「聖なるキノコ」が３種類あります。ベニテングタケ、マンネンタケ、シビレタケです。

古代インドの聖典『リグ・ヴェーダ』の中に、飲んだ人に霊感を与え、恍惚に満ちた讃歌を歌い出せると書かれている「ソーマ」。その正体は長らく謎とされてきましたが、米国のゴードン・ワッソン氏が、ベニテングタケこそがソーマであると発表し、注目を集めました。

ベニテングタケは童話の挿絵などに登場する最も親しまれているキノコですが、神経系に作用する毒キノコとして古くから知られています。このキノコには特徴的な２つの

成分が含まれています。その1つムッシモールは中枢神経に作用し、食べてから30分ほどで酒に酔った状態になります。よだれが出て、精神錯乱、幻覚を起こすこともありますが、死に至ることはないようです。

もう1つの成分、イボテン酸は調味料のグルタミン酸やイノシン酸の数十倍もの旨味を持っています。長野県では、これを乾燥や塩蔵して食用にしている地域もあります。ただ摂取量など注意が必要なため、たとえ中毒にならないとしても食用に推奨されるものではありません。

さてワッソン氏ですが、彼は菌学者でもキノコ研究家でもありません。かの有名なモルガン銀行の副頭取まで務めた金融マンでした。彼はメキシコやグアテマラにはキノコを食べて幻覚状態になり、神の言葉を告げる巫女(みこ)が存在していたことを知りました。

1955年、メキシコ南部の小さな村を訪れた彼は、実際に「幻を呼ぶ神のキノコ」を食べたのです。キノコによって夢幻の世界に陶酔する宗教的ともいえる習わしを、現地の人にまじって体験した冒険的報告は「魔法のキノコを求めて」という表題で『ライフ』誌に掲載され、大きな反響を呼びました。

その後、儀式に用いられていたキノコはシビレタケであることが判明し、キノコに含まれる催幻覚性物質がシロシピンやシロシンであることがわかりました。

幻覚を引き起こす物質は使い方によっては宗教の悟りに近い境地をもたらしますが、場合によっては狂気を引き起こす危険な物質でもあります。日本をはじめ多くの国では、「聖なるキノコ」に含まれるこれらの物質を麻薬に指定しています。

花火を支えた微生物

私の住んでいる大曲は全国花火競技大会で有名で、毎月花火が上がる町として知られています。花火に必須の火薬は中国人の発明と言われています。この火薬の主成分は硝石ですが、我が国ではかって硝石は発酵法で微生物によりつくられていました。

土壌中には硝化菌がいて、この菌が動物の糞尿や植物の遺体から生じたアンモニアを空気中の酸素を使って硝酸に変え、カリと結合して硝石をつくるのです。このため中世ヨーロッパでは家畜小屋の糞尿を爆薬の原料にするため、政府が管理するほどでした。

日本ではチリ硝石が輸入される明治中期まで、黒色火薬の主成分である塩硝（煙硝）の

製造方法は、富山県五箇山地方で門外不出の技として400年近く守られていました。何しろ爆薬の原料になるので軍事機密扱いです。秘密を守るために山奥で造り続けていたのです。

この方法たるや驚くべきものです。家の囲炉裏の床下にすり鉢状の穴を掘り、そこにヒエ殻やヨモギの茎を敷きつめ、その上に肥沃土と蚕の糞と鶏糞を混ぜ合わせたものを敷きます。これを交互に何層にも重ね、最後に一番上からヒトの小便を大量にかけ土をかぶせ5～6年かけて硝化菌によって発酵を促します。

囲炉裏のそばに発酵穴があるので、雪深い地でも凍ることはありません。硝化菌は蚕の糞や鶏糞、人尿に含まれる尿酸や尿素をアンモニアに分解し、さらに酸化され一酸化窒素を経て過酸化窒素になるのです。

こうした長い発酵期間を経た土を桶に移してたっぷりの水を振りかけると、桶底の口から出てきた液には硝酸が含まれています。

その液を釜で煮詰めて木灰を混ぜ、さらに煮詰めていくことにより木灰に含まれるカリウムと先の硝酸が結合し、乾燥して硝酸カリウム（硝石）が出来るのです。いやはやじつに高度な化学ですね。

現在では火薬そのものが進化し、硝石を原料としない火薬に需要が移ったため、発酵法は姿を消してしまいましたが、いまこうして花火を楽しめるのも微生物の成せる技と思うと感慨もひとしおです。古の日本人の知恵と花火に思いをはせながら、過ぎ行く夏の一夜をお楽しみください。

ユダヤ人を救った細菌

平成28（2016）年6月、イスラエル中部の都市ネタニアに杉原千畝（すぎはらちうね）にちなんで「スギハラ通り」が誕生したとの報道がありました。杉原千畝は第二次世界大戦当時、ナチスドイツの迫害から逃れた数千人のユダヤ人にビザを発給した日本人外交官です。彼は「命のビザ」で多くのユダヤ人を救いましたが、今項はユダヤ人を救った細菌の話です。

当時ユダヤ人は重大な病気にかかっているという診断書がない限り、強制収容所行きを免れることはできませんでした。そこでポーランドの小さな村に住む2人の医師が人の腸内細菌を使ってナチスを騙（だま）すことを思いついたのです。

普通私たちが細菌に感染すると、体はその細菌だけに反応し、ほかには反応しない抗体をつくります。しかし高熱や発疹を伴う細菌感染症のチフスの場合は「プロテウスOX19」という別の細菌に対する抗体も血液中に出現します。

これは珍しい例ですが、チフス菌とプロテウス菌が共通の抗原を持つからです。チフスの診断テストに用いられるワイルフェリックス反応では血液試料とチフス菌を混ぜると血液が凝集しますが、同じくプロテウスOX19を混ぜても血液が凝集するので、「すわっ！チフスか？」と疑われるというシナリオです。

2人の医師は村に住む健康なユダヤ人にプロテウス菌を注射すれば体内にチフス抗体が出来、チフス患者になりすましてナチスを騙すことができると考えたのです。

この作戦は大成功。村人の体内にチフス抗体はつくったものの、いたって健康。それもそのはずプロテウス菌は、人の腸内に常在する細菌の1つだからです。村人の血液試料はドイツ国立研究所に送られ、公式に「ワイルフェリックス反応陽性」の診断が下されました。

これによりこの村からは誰1人、強制収容所に送られなかったのです。ナチスは25年以上前に大流行したチフスに対して異常な恐れを抱いていました。そのためこの小さな村でチフスが蔓延(まんえん)していると信じたのです。

人間の機知とプロテウス菌という細菌のおかげで、小さな村は救われました。目に見えない微生物は神業をもやってのける、不思議な力を持っているのです。

ツバをつければ治る!?

フレミングはペニシリンの生みの親です。ペニシリン発見のきっかけを作ったのが彼のずぼらな性格であることは述べましたが、じつはこのフレミング先生、ペニシリンの前にもう1つずぼらが招いた大発見をしています。

風邪をひいた彼は、こともあろうに培養していた化膿菌の上にポトリと鼻水を落としてしまいました。そしてそのまま放ったらかしていたのです。するとすごいことが起きました。

鼻水の落ちた周りの化膿菌が死滅していくのです。驚いた彼は鼻水だけでなくツバや涙でも試し、同じ物質が含まれていることを発見しました。これはリゾチームと呼ばれる溶菌酵素によるものです。鼻水やツバ、涙に含まれる酵素が細菌の細胞を溶かしていたのです。

このリゾチームはいまでも風邪薬の中に「塩化リゾチーム」として配合されています。フレミングのリゾチームの発見は大正10(1921)年、ペニシリンの発見はその7年後です。

子供の頃、転んで血が出ても「泣くな! ツバをつければすぐ治る!」と言われたのには、じつは科学的な裏づけがあったのです。フレミングの世紀の大発見よりずっと前からツバの効用を、民間療法として伝承していたことは驚きに値します。まさに「温故知新」です。案外世紀の大発見は足元にあって、ただそれに凡人は気づかないだけなのかもしれませんね。

純金より高い枯れ木片

先日、ソウルでタイ人からある相談を受けました。「香木について」です。香木とは樹木から採れる香料全般のことですが、通常は「白檀（びゃくだん）」「沈香（じんこう）」「伽羅（きゃら）」のことを指します。「白檀」はお香の原料や数珠に使われます。夏に使う扇子をパッと開いた時に香るふんわりした優しい懐かしい香りも白檀の香りです。鎮静効果があり瞑想（めいそう）にもよく使われます。

この香り成分の中に男性の汗とよく似た物質が含まれているため、シャネルの香水「エゴイスト」などにも使われています。白檀の催淫作用は異性を惹きつける香りとしてあまりにも有名です。この香りは熱を加えなくても芳香を放つ木固有の香りといえます。

一方「沈香」は東南アジアの熱帯雨林で産出される香木で、熱することによって芳香を放ちます。沈香を焚（た）くと幽玄な甘い香りが漂って心身を癒し、仏教などの宗教行事では梵火として欠かせないものです。沈香は日本の香道でも不可欠で、ジンチョウゲ科のジンコウ属の樹木の幹から採取されます。

50年以上の老木や虫食いのある幹、動物に痛めつけられた幹などがある種の微生物に感染すると、表皮もしくは内部に黒い樹脂状の液層が出来ます。それが長い間地中に埋まって沈香になります。

「伽羅」は沈香の、特に上質な光沢のある黒色のものを優良品として呼ぶ名称です。香りの生成に長い年月を要し産出量が僅少にもかかわらず乱獲されたことから、現在ではワシントン条約の希少品目第二種に指定されています。古来よりその価値は純金より高価です。正倉院にある蘭奢待（らんじゃたい）は、伽羅の中でも最高級品と言われています。

沈香生成には麴カビや青カビなど7種類のカビが関与していると、最近インド人の研究者により明らかにされました。中でも「ユーロチウム　ルブラ」という麴菌の仲間は沈香生成に大きな役割を果たします。じつはこのカビ、日本の鰹節を作るときに使われるカビです。

かのタイ人は香木の素になる樹木にこれらのカビを接種して樹脂を作り出し、人工的に沈香や伽羅を作ることができないかと考えたのです。そこで菌を造ることを生業としている私に相談に来たのです。これでひと山当てようというわけです。私を魔法使いとでも思っているのでしょうか？　さてさてうまくいくかいかないか？　私たちの博打は始まります。

漆と発酵の不思議

秋の夜長、漆器の片口と盃での一献は私にとって至福の一時です。今項は漆器に欠かせない漆と発酵の話です。

漆は言わずと知れた漆の木の樹液です。子供の頃、よく野山を駆け巡り「漆かぶれ」を起こしていました。この漆の木の樹液を春から秋にかけて掻き採り集めたものが生漆になるわけですが、掻き採らなければ傷口をふさぐようにして、樹液が黒く変色して固まります。ちょうど人間の血液の血小板と同じように樹液が木を保護するのです。

じつはこの樹液、微生物にとっては栄養源が適度に含まれているので酵母菌がよく繁殖します。これらは野生酵母と呼ばれ、有用なものを見つけて応用する研究も進んでいます。

漆の主成分はウルシオールという油で、この油の中に水が分散し乳液状になっています。これに含まれるラッカーゼと呼ばれる酵素が漆の硬化に深く関わっています。この酵素が空気中から酸素を取り込み硬い皮膜をつくります。

漆が硬化するには温度（25℃）と湿度（85％）が大切で、カビの発生しやすい環境が漆の硬化の最適条件なのです。漆には野生酵母が繁殖しているのでプツプツと発酵による泡が発生します。野生酵母や漆に含まれている酵素は生きているので、高温をかけて乾かすと死んでしまい、漆は硬化しなくなってしまいます。

漆の乾燥とは水分が蒸発して乾く現象ではなく、酵素が液体を固体へと変化させて硬い皮膜をつくることを言います。まさに漆は生き物なのです。漆は中の酵素が生きて働いているうちは完全に乾かないため、生乾きの漆器でかぶれることもあります。

漆器の椀の朱と黒のコントラストは実に見事です。半透明で飴色の精製漆にベンガラ等の赤色顔料を加えると朱漆に、鉄粉や水酸化鉄を加えると黒漆になります。

漆のルーツをたどると脚長蜂にたどり着きます。脚長蜂の巣を見ると巣の付け根に黒い塊があります。じつはそれが漆です。蜂が本能的に漆の硬化する特性を知っていたのでしょうか。一説によると、それを知った人類が狩猟の時に使う矢じりの取り付け部分に、漆を接着剤として利用したのが人間と漆の出合いとも言われています。

知れば知るほど不思議で奥深い漆の世界です。今宵はぜひ、漆器の酒器に満たされた新酒で心も体も「うるおって」ください。そうそう、漆も「うるおう」が語源とか……。

眉墨や漆器になる菌

日本の女性がいつ頃から眉毛を剃り落とすようになったのかは明らかではありませんが、中世以前の女性の眉は眉墨によって描かれていました。

眉墨の原料は黒穂菌の胞子です。ではどうやって黒穂菌を手に入れていたのでしょう。じつはマコモという多年生の水草の中に生息しているのです。マコモは川岸や沼などの水際に生息し、マコモの茎の部分に「ウスチラゴ　エスキュレンタ」というカビが寄生するのです。このカビの繁殖したマコモの茎を刈り取り、天日で乾燥して保存すると、この間にカビは黒い胞子を形成します。乾燥した茎をコツコツと硬い所に垂直に落とすと、中から黒い胞子が粉となって落ちてきます。これを化粧品用の油で練って眉墨として利用するのです。

この黒穂菌の中には食用にされているものもあります。マコモタケとして知られ、中国ではチャオパイと呼ばれる高級食材です。ちょうど、マコモが花をつける時期に黒穂菌に感染し、地上部が冬枯れになる時期に水中にある茎が肥大して特徴的な様相を示します。この肥大した部分の食味はタケノコのようで美味です。千葉県の佐倉をはじめ各地で休耕田を利用して栽培されています。

もう1つ、この黒穂菌の利用法をご紹介しましょう。鎌倉彫の彩色に利用されているのです。鎌倉彫は基本の朱漆（しゅうるし）を塗り、その朱漆が乾く直前にマコモの粉、つまり黒穂菌をまんべんなく振りかけます。それを研いで磨き上げることにより、彫刻の高い部分は黒色胞子が除かれて赤くなり、まわりは深みのある古代色の黒になるのです。

このように黒穂菌は化粧品から高級食材、そして伝統工芸までも支える、スーパーパワーの持ち主なのです。

海苔（のり）も「微生物」

海苔は「ぬるぬるする」を語源にしており、水中の岩石に苔（こけ）のように着生する藻類全体の総称です。藻類は陸上に動物も植物もいなかった10億年前から地球上で大繁栄しその後、多くの生物が姿を消した数回の大量絶滅の時代にも難なく生き抜いています。現在は2万種もの藻類が地球上の水のある所であればどこにでも生息しています。

いまや寿司は世界中で一般的になり、外国人も旨そうに寿司を食

べている姿をよく目にします。私が以前オランダに住んでいた頃、友人に海苔を勧めたところ「これはカーボン紙か？　日本人は黒い紙を食べるのか？」といぶかしがり、ついぞ食べてもらえなかったことを思い出します。たしかに海外の巻き寿司はカリフォルニアロールのように、米が外側で海苔が内側であることが多いのもうなずけます。

海苔は古くは天然のものを採るだけだったのが、江戸時代になると養殖技術が不安定ながら確立し、東京湾で採れた海苔は、和紙を漉く技術を用いて紙状に加工するようになりました。有名な浅草海苔です。しかし海苔の生態がわからなかったためと、当時はその不安定な生産量から「運草（うんぐさ）」と呼ばれ縁起物として重宝されました。

海苔は冬に成長することはわかっていたのですが「海苔が夏の間どこにいるか」は最大の謎でした。しかし昭和24（1949）年に女神が現れます。イギリスの藻類学者ドリュー女史です。彼女が海苔の糸状体を発見し、それに基づいて海苔の一生が解明されたのです。

なんと夏の間、海苔は貝の中にいたのです。まさか貝の中とは……見つからなかったはずです。ドリュー女史はまさに海苔業界の女神となり、その後の研究から天然採苗に代わる人工採苗を実用化し、安定した養殖が可能になったのです。

普段口にしている海苔は、葉体と呼ばれる目に見える海藻の形に育ったものです。じつは葉体は海苔の一生のうちのある一時期に過ぎません。海苔の一生は大変複雑なうえに、葉体に育つまでは顕微鏡でしか見えない微生物なのです。江戸時代から養殖されていたにもかかわらず、養殖技術が戦後まで確立されなかった理由はそこにあります。

その一生は、春にその葉体から放出されたオスとメスの胞子が受精し果胞子が生まれます。その果胞子は牡蠣殻に着生して発芽し、糸状体を形成し糸状の小さな藻になります。その糸状体のまま夏を過ごし、水温が下がる秋口に糸状体から今度は殻胞子が放出されます。これが海苔芽となり、やがて成長し、冬にはいわゆる海苔になるのです。

海苔の「色落ち」

先日、明石海峡を中心にした漁場で、養殖されている海苔の収穫現場を見ました。現在市販されている海苔の大半は養殖ものです。産地は佐賀県と兵庫県で、全国の半数近い量を生産しています。明石に住む友人に聞くと近年、養殖海苔に異変が起きていると言います。生産量こそ安定はしているものの、「色落ち現象」が大きな問題になっているのだそうです。色落ちは春に近づくにつれて発生し、その時期は少しずつ早まっているので漁期が短くなっているのです。

海苔は一般に黒くて艶のあるものが優良品とされ、色落ちした海苔は色が抜け、表面ががさついて食感も悪く、味・香りとも良くありません。

その原因を聞き、複雑な気持ちになりました。海苔や魚介類の成長に必要なリンや窒素などの、海中の栄養分が減っているのが一因のようです。昔はそれらが雨水や生活排水などを通じて川から海に流入していましたが、現在は排水処理技術が高まったことなどから海の栄養分が少なくなる、海洋の貧栄養化という新たな課題が生じているのです。単純に「水はきれいにすればよい」と思っていたのですが、海苔や魚介類にとってはそうではないようです。

漁業者は「豊かな美しい海」を目指して地道な活動に一生懸命取り組んでいます。その1つが「かいぼり」という作業です。農業者と連携し、農閑期に農業用の溜池の水を抜いて底に溜まった栄養分を海に流し込んだり、「海底耕うん」と呼ばれる砂泥が固まった海底を巨大な熊手のある船で掘り起こしたりして柔らかくし、魚が棲みやすい環境にしたり、溜まった栄養分を海中に届けたりしています。

また環境庁や水産庁ではこれまでの施策の方向転換についての議論を始めているようですが、難しい問題です。

人だけではなく生物にとっても棲みやすい海洋環境をどのようにしてつくり守ることが

できるか、未知の答えを探るために共に考えなくてはいけません。

乳酸菌の真相

乳酸菌の良さを世界で初めて発表したのはメチニコフというノーベル賞学者です。彼は「人間の老化は腸内の有害菌による腐敗産物が原因で、ヨーグルトを食べて有害菌を殺すのが長寿の秘訣」というヨーグルト不老長寿説を唱えました。

しかし、ヨーグルト中の乳酸菌は胃酸で殺されてしまい、死んだ菌が腸内を腐敗の状態から発酵の状態にすることは考えられないとして、いつしかこの説は無視されるようになりました。

しかしその後、ヨーグルト中の乳酸菌が胃の中で死なずに無事小腸に達すれば、それが増殖して発酵の状態に導くことができるのではないかという仮説が生まれました。

これにより、発酵乳といえばヨーグルトしかなかった日本に乳酸菌飲料が登場し、今では1日に数百万本も販売される商品にまで成長しました。乳酸菌は胃さえ無事通過すれば後は増えるという先入観に、ほとんどの人がとらわれてしまったのです。

乳酸菌は生きたまま腸内に到達すると、腸内は中性で栄養分も豊富にあり、温度も生育に適した条件なので増殖すると考えたのです。そしてさらに、多量の有機酸を出し腸内の腐敗が抑えられ、腸内菌が正常化して便秘が治るという説明なのでみなさん納得してしまいます。

でも、待った!! 生きた乳酸菌を飲んでそれが腸内で増えたという論文は、じつはまだ1つもないのです。それに生きた乳酸菌を飲んでそれがどんどん増え続けるのであれば、次の日もその次の日も毎日飲む必要はないことになります。

ではなぜ乳酸菌はいくら飲んでも増えないのでしょうか。

じつは胃ばかりでなく、腸にも外来菌を殺す物質がたくさんあるからです。殺菌力の強い抗菌ペプチドや細胞膜を溶かす酵素、殺菌力のある胆汁酸、細菌を殺すラクトフェリン、そして多くの免疫細胞が盛んに出てきて、生きている菌を捕らえて殺してしまうのです。

でも、なぜ乳酸菌は生きていないのに人にとって有益なのでしょうか。

乳酸菌はしばらく培養していると、自分の出した酸でほとんどが死んでしまい、壊れて小さい破片になってバラバ

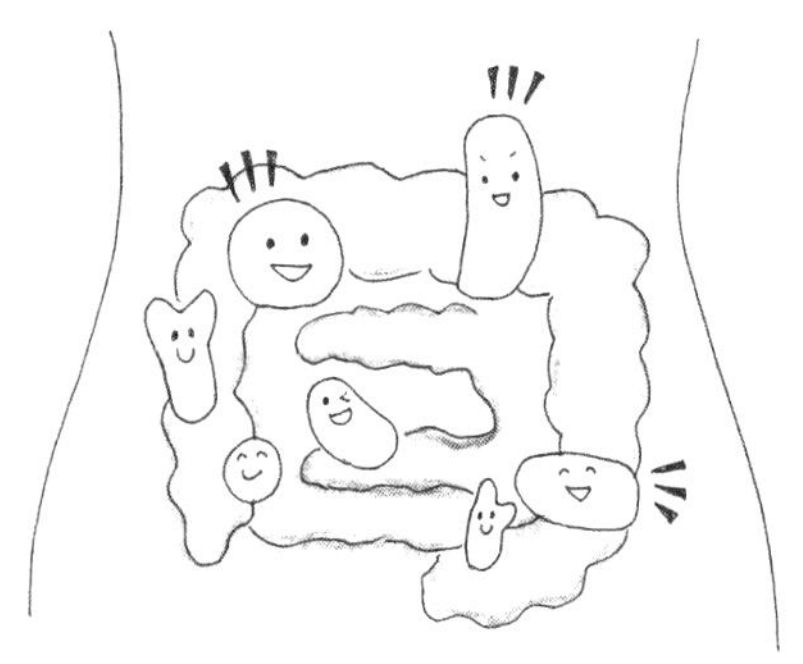

ラになります。そのバラバラになったいわば乳酸菌の死体が腸内環境を改善し、免疫機能を飛躍的に高めるのです。

腸管を流れてきたウイルスや病原菌などの外来菌は、腸の表面にあるパイエル板という組織を通して体内に引き込まれます。すると体内にはそれを捕食し、やっつけてしまうマクロファージという兵隊細胞がいて、これが外来菌を食べると同時に全身の免疫細胞に向けて「異物が入ってきたぞ」という信号を出します。つまり人間の持つ免疫機能のスイッチを押す役割をするのです。

それが制癌（がん）効果や感染症防御作用につながる重要な働きをすることになります。

死んでバラバラになった乳酸菌は生菌に比べて圧倒的に小さいため、腸のパイエル板が異物として認識し、取り込みやすいのです。しかも細かくなった分だけ数も多いので、免疫機能のスイッチを押す回数が飛躍的に増えます。これにより人が本来持っている自己免疫機能が活発に動き出し、免疫力を高く維持して健康な体をつくることが可能となるのです。

乳酸菌と言えば一般には腸内環境を整えるだけと思われがちですが、免疫機能の促進など、一歩進んだ疾病予防効果が期待できることがわかるようになってきました。

柿渋と清酒

かつて農家の庭先には必ずと言っていいほど柿の木があり、秋の果物と言えば柿でした。柿はビタミンが豊富で「柿の豊作には医者要らず」と言われるほどです。柿にはこうした食用のほかに別の顔があります。「柿渋」です。

柿渋は未熟の渋柿をつぶし、搾った果汁を発酵熟成させたものです。「渋」とは一般にタンニンのことを言いますが、柿渋はその代表的なものです。柿渋の主成分はシブオールというタンニンの一種で、これを布や紙などに塗るとシブオールによる収縮が起こり、防水性を持たせることができるうえ、防腐性もあるので傘、団扇、板塀などに塗られ、天然の耐久塗料となるのです。塗料は柿渋と第二鉄塩が結合して、青から黒のそれこそ渋い色に染まります。

柿渋は清酒造りにも欠かせません。清酒はしばしば不溶性の蛋白質が原因で白濁を起こすことがあります。その混濁を防ぐために出荷前の酒に柿渋を少量加えます。すると柿渋のタンニンが不溶性の蛋白質を包み込み沈殿するので、それを濾過して除き、出荷するのです。

清酒造りの柿渋の利用はもう1つあります。醪を搾る時に麻袋を使いますが、その袋の目が大きすぎると清酒と粕がうまく分離できません。そこで袋を使う前に柿渋に浸け込んでおくと袋の目が詰まり、都合良く清酒と粕を分けることができるのです。

柿渋の発酵は主に2種類の微生物によって行われます。「バチルス　ズブチルス」と「クロストリジウム」という細菌です。渋柿を砕き少量の水を加え自然発酵を促します。そのまま放置すると腐敗菌が増えるのでよく攪拌（かくはん）します。柿タンニン自体は無臭ですが、発酵中に酢酸やプロピオン酸が生成されるので不快な酸臭があります。悪臭と言ってもいいかもしれません。現在は製法も進化し、無臭の柿渋も出ています。

一時は石油化学製品に押されほとんど忘れられた存在でしたが、環境問題が叫ばれる中、今またその素晴らしさが見直されてきています。

第七章

おいしいよもやま話

滋養豊か。黒にんにく

古今東西、媚薬(びやく)の類は枚挙にいとまがないほど登場します。古くから日本に伝わる「イモリの黒焼き」などはその代表的なもので、江戸時代には大いに愛用されたと言います。

黒焼きといっても本当に焦がすわけではなく、壺(つぼ)などに密封して火にかけ、蒸し焼きにするものだったようです。イモリのほかにマムシや梅干し、にんにくなどが黒焼きにされ、強壮剤の民間薬として売り出されていました。

今項は発酵黒にんにくの話です。じつはこれには微生物の関与が全くありません。この色調の変化は糖とアミノ酸の化学反応の一種であるメイラード反応の結果ですから、発酵ではなく熟成というのが正しい表現です。

メイラード反応が関与するものには、タマネギを炒めると褐変する現象や、コーヒー豆の焙煎(ばいせん)による褐変があります。温度と湿度をを適正に管理することによって、にんにくは白から褐色化し、徐々に黒くなっていきます。メイラード反応の結果、褐変物質（メラノイジン）をつくり出すのです。

熟成すると糖度も上がり、生にんにく特有の刺激臭も消えます。

主要な成分のS-アリル-L-システインやアルギニン、ポリフェノール類が多くつくられ、滋養強壮、活力増強成分は数倍に増えていくのです。上手に熟成した黒にんにくはにんにく臭がなく、プルーンのような甘酸っぱい味がします。

作り方はいたって簡単。皮付きにんにくを炊飯器に入れて保温スイッチを押せば高温熟成が始まり、約2週間で完成します。保温スイッチは2週間入れっぱなしです。最後に常温で数日寝かせれば食べやすくなります。

ただ使った炊飯器には強烈なにんにく臭が付くので、炊飯には二度と使えません。高温熟成が始まるとこの世のものとも思えない臭いが発散します。よって室内での熟成は厳禁です。室外で作ってください。ポイントは乾燥したにんにくを使うこと。新にんにくは水分が多いので、なかなか黒くなりません。

出来上がった黒にんにくに媚薬の効果があるかどうかはわかりませんが、滋養効果を持つのでまんざら無駄ではないかもしれません。お試しを!

マーガリンとバターは親戚か?

ある方から「バターとマーガリンは親戚か?」と聞かれました。「バターが品薄で入手困難」というニュースも見かけます。はたしてマーガリンはバターの代用品なのでしょうか？

バターの主成分は乳脂肪です。牛乳の脂肪分を冷やしながらシェイクすることにより、脂肪の球同士がぶつかり合って表面の膜が破れ、球同士がくっついて出来る脂肪の塊です。よく牧場などで搾りたての牛乳をシェイクしてバターにする体験コーナーがありますね。あれと原理は同じです。インドの経典には紀元前２０００年頃、既にバターらしきものが作られていたという記録があります。

一方、マーガリンは１８６９年にフランスでバターが欠乏し、ナポレオン三世が代用品を懸賞募集したのがきっかけで生まれました。かつては人造バターなどと呼ばれていました。

マーガリンは主に大豆油、コーン油、菜種油などの植物性油に塩水とスキムミルクを混ぜシェイクし、それから水素添加などをした後に冷やして固めたものです。

またバターは塊になってから塩などで味を付けますが、マーガリンは塊になる前に味付けされます。

バターは乳脂肪が主成分であることから香りや風味が良くコクがある自然食品ですが、マーガリンは植物油脂から出来ているため匂いがなくさっぱりとした工業製品と言えます。

豚の脂であるラードは常温で固まってべとべとしますが、バターも同様で、乳脂肪が主成分なので常温で固まります。しかしマーガリンは植物性油脂から作られているので常温では液体のはずです。ではなぜパンに塗る時は固まっているのでしょうか？

油脂が常温で液体か固体かは成分の脂肪酸の状態が大きく関係してきます。脂肪酸には大きく分けて2つあります。飽和状態にある飽和脂肪酸と、科学的に不安定な不飽和脂肪酸です。液状である植物性油脂には不飽和脂肪酸が多く、固体である乳脂肪には飽和脂肪酸が多いのです。

マーガリンの原料は不飽和脂肪酸を含むので液体のはずです。しかし不飽和脂肪酸は二重結合があって、常温では液体ですが水素を添加すると形が変わって「トランス脂肪酸」が出来るのです。ある程度固まったほうがパンには塗りやすいですからね。

かつてはこのようにして作られるマーガリンが植物性油脂由来なので健康に良いという印象がありましたが、水素を添加した際に形成されるトランス脂肪酸が心臓疾患などの原因になる可能性が指摘されるようになってきました。トランス脂肪酸による健康への悪影響を示す研究の多くは、トランス脂肪酸を摂る量が多い欧米人を対象にしたもので、日本人の場合にも同じような影響があるかは明らかではありません。

人工的なものが体に悪いという主張のほうがウケが良いためか、ほとんどのメディアは

「トランス脂肪酸悪者説」に流れているようです。しかしこれに異論を唱える学者もいます。本当に体に悪いかどうかは自分なりに判断する必要がありそうです。

マーガリンとバターは「似て非なるもの」で、親戚とは言えないようです。

嗅覚・味覚、人それぞれ

平成29（２０１７）年7月の秋田県豪雨災害。人的被害は幸いにしてありませんでしたが、建物は３０００を超える浸水被害に遭いました。

私の育った大仙市刈和野（かりわの）は、雄物川（おものがわ）が大きく蛇行するため昔から洪水に見舞われる地でした。近年の護岸工事等でここしばらくは水害から遠ざかっていましたが、平成29年7月の豪雨では全国のトップニュースに報道されるほど大きな被害となりました。その後水の引いた道路や側溝はクレゾールで消毒が行われ、私は久しぶりに嗅ぐクレゾールの臭いに懐かしさを覚えました。

既述のように、私の生家は１００年以上続く麴菌を造る会社で、家庭でも日常的に雑菌を嫌い、一にも二にも消毒殺菌が徹底されていました。私が初めて納豆を食べたのは、中学生になってからのことでした。このように雑菌対策は家庭でも徹底しており、いつも薄めたクレゾール液で手を拭かされていたので友達からはよく、「病院の臭いがする」と言われたものです。

このクレゾール液ですが、この臭いを感じない人たちがいます。臭いを全く感じることのできない人の多くは事故や病気が原因のことが多いのですが、ある特定の臭いだけを感じることのできないのが「特異的無嗅覚症」です。クレゾール以外にも汗の臭いのイソバレリアン酸や甘い臭いの青酸、糠臭い臭いのビタミンB_1など50種以上の物質が知られています。

同様に味に関しても、ある特定の物質に対して複数の味の感じ方があることも知られています。フェニルチオ尿酸という物質は二重呈味反応、つまりある人には苦味が、ある人には無味に感じられる物質です。

また食品の腐敗を防ぐための防腐剤として使われている安息香酸ナトリウムも、人によっては塩辛味に感じたり、苦味、酸味、甘味、無味に感じたりします。このようにいくつもの味を持つ物質が自然界から多く発見されています。

もちろん特定の味が感じられない人でも砂糖は甘いし、塩は塩辛く感じることに変わりはないのですが、多重呈味反応物質については多様な反応をするのです。フェニルチオ尿酸と安息香酸ナトリウムを使って人間の味覚を分類すると10組に分類されますが、実際には4組のいずれかに大多数の人が分類されます。

人の血液型と同じでこの分類は遺伝するため、その人の生活習慣、環境で変わるものではありません。ある食べ物について甘いと感じる人が、苦味や酸味を感じられるはずがありません。

このように人によって味の感じ方はそれぞれ多様ですから、これは旨い、まずいと人に強いることは避けたほうがいいようです。

後世に残したい茶の伝統

新緑の若葉を指先で揉むと、青臭い香りがします。植物により、また季節により青臭さの質と強さが微妙に変わります。この青臭さの本体は青葉アルコールと青葉アルデヒドです。お茶の生葉を摘んだ時など、この香りを強く感じます。

先日、富士の裾野（すその）の農園で八十八夜の茶摘みを体験しました。「夏も近づく八十八夜、野にも山にも若葉が茂る……」の歌はお馴染みですね。八十八夜とは立春から数えて88日目

に当たる日で、5月2日頃です。八十八夜という末広がりのおめでたい日に摘んだ手摘み茶は、柔らかくて甘い極上品として特によろこばれます。

　八十八夜の頃は青葉の香りと、茶の旨味テアニン、苦味タンニンの量の調和が最も優れている時期です。ゴワゴワした古葉の付いた堅い枝の先に、柔らかくみずみずしい数枚の若葉がピンと伸びていて、親指と人差し指の間に挟んで曲げると、はぜるように折れます。新緑のナイーブとも言える柔らかな葉が私の指先に残した香りはとても印象的で、来てよかったとつくづく思いました。

「茜襷（あかねだすき）に菅（すげ）の笠」の茶っきり娘さんたちは器用に若葉だけを摘んで、抱えたカゴをたちまちいっぱいにしてしまいます。同じ出で立ちの不慣れな私は、丸い茶の木を虎刈りにしただけでした。

　さて新芽を摘んだあとの茶の木は、夏から秋にかけてもまた芽が伸びますが、陽射しが強くなるので渋くなってきます。これを機械で刈ったものが二番茶、三番茶と呼ばれるもので、主にペットボトルなどの緑茶飲料に使われており、その生産量はここ20年で5倍にも増えています。

　全国有数の茶の生産量を誇る静岡県では伝統的な手摘みが主体で機械化が遅れ、農家の高齢化や後継者不足もあって、近年茶の生産量が落ち込んでいるということです。

北限の茶で知られる秋田の「檜山茶」もしかりです。最盛期には栽培農家が200戸にものぼったと聞きますが、現在では数戸を残すのみ。歴史をつないでいくということはたやすいことではありませんが、伝統ある檜山茶を後世につないでもらいたいものです。

鯖アレルギー

鯖を食べることによって体内の免疫機能が過剰反応を示し、ジンマシン、皮膚の痒みやかぶれ、吐き気、嘔吐、下痢などの症状が出るアレルギーがあります。アレルギーの原因になるアレルゲンとなるのは鯖の筋肉に含まれる「パルブアルブミン」と「コラーゲン」という蛋白質です。

パルブアルブミンはほかの魚類にも含まれているため、アレルギーを発症した場合は鮪や鮭などほかの魚を食べた時にも同様のアレルギーを発症する可能性があります。

一方でコラーゲンがアレルゲンになる場合はパルブアルブミンより少ないようです。

鯖アレルギーとは別に鯖アレルギー様食中毒があります。様というだけあって前述のアレルギー症状と似ています。これは鯖に含まれる成分、ヒスタミンが原因です。

もともと鯖に含まれるヒスチジンというアミノ酸は、ヒスタミン産生菌という細菌によりヒスタミンに変換されます。このヒスタミンを大量に摂取した場合、アレルギー症状と似たアレルギー様食中毒が引き起こされるのです。

ヒスタミンは熱に強い構造をしているので加熱処理しても消滅しません。鯖が水揚げされてから時間が経過するにしたがって、主に内臓に含まれるヒスタミンは増加していきます。ヒスタミンの摂取を減らすためには水揚げ後、即内臓を除去した鯖を購入するほうが賢明です。

ヒスタミンを大量に含む生を食べると、数分後から1時間後の比較的早い時期にアレルギー反応に似た症状が現れます。このように症状は現れるのも早いですが、治るのも早いのがこのアレルギー様食中毒の特徴です。

アレルギー様食中毒を発症しないためにも一にも二にもヒスタミンの摂取を抑えることに尽きます。ヒスタミンの原因になる細菌の増殖を抑えるために冷蔵保存は有効ですが、前述の通り加熱処理してもヒスタミンは完全に分解できませんから十分に注意してください。

水産物のヒスタミンの原因になるのは主に腸内細菌、海洋細菌、乳酸菌です。赤身魚にはヒスチジンが大量に含まれるため、魚醤（ぎょしょう）製造に使われる原料魚の種類によってはヒスタミンの大量蓄積が懸念されます。しかし現在ではヒスタミンを生産しない乳酸菌を魚醤の種菌に使うケースがあります。
また、ヒスタミンはガラスに吸着されることが知られているため、ガラスの成分であるケイ素化合物にヒスタミンを吸着させることによって魚醤中のヒスタミンを除去できるようになっています

おいしい「お嬢さば」

10月から12月は日本近海で獲れる「真鯖」のシーズンです。この真鯖ですが、鯖に寄生する寄生虫アニサキスが原因の食中毒被害が急増していると聞きました。鯖、鯵(アジ)、鰯(イワシ)などの内臓にアニサキスの幼虫が寄生するのです。幼虫は白い糸状でウニョウニョと動きます。

アニサキスが寄生した鯖を刺身やしめ鯖で知らずに食べると、数時間後に幼虫が胃壁に食いついて激しい痛みと吐き気に襲われます。こうなったら幼虫をピンセットのようなもので取り出さなければなりません。これを聞いたら鯖を食べるのを躊躇(ちゅうちょ)してしまいますよね。

先日、鳥取の境港(さかいみなと)を訪れた際友人に聞くと「この辺で獲れる鯖は大丈夫だと漁師も寿司

屋も言っとるで」とずいぶんあいまいな返答です。ところが調べてみると、この返答がまんざらガセネタでもないのです。

ここから生物分類学の話になります。アニサキスには3種類の種が知られています。仮にアニサキスA、B、Cとしましょう。このA、B、Cの属は同じなのに種は異なります。人の個性が違うようにA、B、Cの生物学的特徴が異なるのです。これらは見た目では区別がつきませんが、遺伝子配列が異なるのでそれぞれ別の種に分けられるのです。

アニサキスAは日本海側に80%、アニサキスBは太平洋側に80%という高い確率で生息域が限定されています。しかも太平洋側に生息するアニサキスBが日本海側に生息するアニサキスAよりも100倍も高く寄生することがわかったのです。日本海側の鯖の安全性が生物分類学的手法により証明されたわけです。

しめ鯖は美味しいですが、アニサキスの幼虫は酢では死にません。ただ加熱か冷凍すると幼虫は死んでしまいます。

安全な鯖を供給しようと、鳥取県で新たな取り組みがスタートしています。それは鯖の陸上養殖です。海上養殖は海中生物を通してアニサキスに感染する可能性があるため、海水をろ過して寄生虫のいない「いけす」で鯖を育てています。ブランド名を聞いて笑ってしまいました。「お嬢さば」というのです。ムシ（寄生虫）の付いていない「箱入り娘」

ならぬ「箱入りさば」というわけです。お嬢さばをいただこうとしたところ完全予約制、数量限定で結局、お嬢さばはお預けとなりました。

干し柿はなぜ甘い

正月、おせちの中の干し柿をいただきました。外側は白い粉を吹いて中身はトロリと甘い。渋柿なのに、干すとなぜ甘くなるのでしょうか？

渋柿の苦味や渋味はお茶の成分として有名なタンニンです。このタンニンが、口の中で溶けるか溶けないかによって柿の味が決まります。渋柿のタンニンは水に溶けやすい性質のため、唾液と混じり合って溶け出し、苦味や渋味を感じるのです。

渋柿の実は皮を通して呼吸をしており、皮をむいて乾燥させると表面に被膜が出来、呼吸ができなくなります。その結果、実の中にアルコールがつくられ、これが渋柿に含まれる酵素によりアセトアルデヒドという物質になります。このアセトアルデヒドが水に溶けるタンニンを、水に溶けないタンニンに変化させているのです。つまり干し柿は、渋味を取り除いているのではなく、タンニンの性質が変化したため、食べても甘いのです。

柿の果肉に時折茶色の粒々を見かけますが、これはタンニンが水に溶けない状態に変化したものです。一度水に溶けない状態になると食べても渋さを感じることがなく、甘くなったと感じるのです。果肉にある茶色の粒々はまさに甘さの証しです。

特に出来の良い干し柿には白い粉が吹いています。この白い粉、もしかしたらカビかも……と心配する方がいるかもしれませんが、カビが生えるのは渋柿が乾燥していない状態の時です。干し柿が食べ頃になると表面が乾いているのでカビは生えません。

白い粉を吹かせるためには寒さが必要です。ある程度水分の飛んだ段階でブラシをかけて、表面に細かい傷をつけ寒風にさらします。するとそこから糖蜜が出て乾燥して白い粉を吹き、甘さを引き立たせます。「苦難」が大きいほど豊かな味になるとは、何やら人の一生にもつながるような気がします。

食と民族

この国には古くから身土不二（しんどふじ）という言葉があります。一言で言えば身体（身）と環境（土）とは不可分（不二）だということで、一里四方のものを食べて暮らせば健康でいられるという食の教えを説いた言葉です。

身土不二の考え方は、日本だけでなく、世界のいたる所で実践されてきました。かつてヨーロッパに生活圏を拡大させた人々はその土地での身土不二を実践することにより、長い年月をかけて乳肉食に適合する体を作り上げてきました。

また、農耕に適さない地に暮らすエスキモーは生肉を食することによって、ビタミンなどの栄養を摂ってきたのです。

日本人にとって幸いだったのは、日本がヨーロッパのように寒冷ではなく、中近東やアフリカのように乾燥した地域でもなかったことです。四季の変化に富んだ豊かな自然は、米を育て、野菜や魚を中心とした日本の食の型を作ってきました。人口密度の高さはこの国がいかに自然に恵まれていたかを示しています。

しかし、現代の私たちの食生活は急激な変化を見せています。乳肉食を中心とした食の欧米化です。体が現在のような大幅な食生活の変化に対応していくためには、遺伝的にも変化していかなければ不可能ですが、遺伝的に変化をするには人の一生はあまりにも短い時間です。

私たちの体は、基本的には1万年前の縄文時代の日本人と比べてもあまり違っていないと考えたほうがよいでしょう。豊かになったように見える現代の食生活が、本当は人の生物学的尺度を侵害しているのです。

実際私たちの体はあまりに早い外界の変化に対応しきれていないため、生活習慣病の増加など様々な弊害が出ています。私たちの生活が科学技術の進歩などによって大きく変わったのは事実ですが、私たちの体も大きく変化を遂げていると錯覚してはいけないのです。

コーヒーよもやま話

じつは私はコーヒーが苦手で、もっぱら紅茶党です。周りを見渡してもたくさんのコーヒー中毒者がいて、紅茶党はごくわずかのようです。

いまや世界中で愛飲されているコーヒーですが、現在では60ヶ国、2500万家族がコーヒーの木を栽培し、年間600万〜700万トンのコーヒー豆を生産していると言いますから、その量に驚いてしまいます。

コーヒー豆を食べると元気が出ることを見つけたのは、アビシニア（現在のエチオピア）の羊飼いだったそうです。彼は山羊たちがコーヒーの赤い実を食べて元気になるのを見て、その効用に気づいたのです。野生のアラビアコーヒーの木はエチオピアの在来種で、いまでも素晴らしい香りの出る種類が多く残っていると言われています。

またこの地は、人類の祖先と言われるルーシーなどの人類化石が発掘されており、人類誕生の地と考えられています。ルーシーとその一族は山羊が食べる何百年も前にコーヒーの実を食べていたかもしれません。

やがて人類はコーヒー豆を握って故郷エチオピアを離れ、世界各地に移動していきました。そして、紅海を渡ってイエメンに達したコーヒーは、イスラム世界に大きく広がっていったのです。

ヨーロッパに入ったのは16世紀で、ヨーロッパで最初にコーヒーの栽培を手がけたのはオランダ人でした。当時のセイロン、いまのスリランカで栽培し、その後東インド一帯に広めていったのです。セイロンと聞いて「えっ？　セイロンって紅茶の産地じゃないの？」と思った方も多いと思います。

こんな背景があります。１７９６年、セイロン（現在のスリランカ）の領有権はイギリスに移り、１８０２年にはイギリスの直轄植民地となりました。セイロンの高地はコーヒーの栽培に適した土地で、盛んに生産が行われ、やがて世界のコーヒー生産のトップに躍り出るまでになりました。ここのコーヒー豆の値段が世界のコーヒー市場を牛耳るまでに成長したのです。

しかしいいことは長くは続きません。

コーヒー葉さび病菌「ヘミレイア」というカビが大発生して、セイロンからコーヒーの樹がほぼ完全に姿を消したのです。このヘミレイアというカビは葉に付くとオレンジ色の粉（胞子）を付けます。このカビが原因であることを突き止めるまで放置したので、胞子が飛び回り、セイロン中に蔓延（まんえん）してしまいました。さらにこのカビは葉の表面に広がる疫病菌と違って、葉の組織の中にまでもぐり込んでうまく薬剤から逃げるので、薬剤散布はほとんど効果が上がらなかったのです。

　セイロンのコーヒー栽培が全滅したことを受けて、先見の明がある数人の栽培者がその農園をコーヒー農園から茶の樹の栽培に切り替えて使おうと考えました。その１人がトーマス・リプトンです。

　このさび病菌はコーヒーの木に限定され、茶の木には全く感染しません。彼はさび病菌にやられた土地で茶の木を栽培し、イギリスの自分の食料雑貨店で安い紅茶を売れば大当たりするに違いないと思い、コーヒー農場を買い取っていったのです。

　この事業は大成功で、リプトンはそれから1世紀もの間「安上がりのおいしいお茶」の謳（うた）い文句で大儲（もう）けしました。１８９８年にはナイトの称号まで受けています。

　リプトンはイギリスをコーヒー党の国から紅茶党の国に変えた人でもあるのです。

旨味をつくるもの

日本では子供の時から醤油、味噌、味醂、鰹節などグルタミン酸やイノシン酸、グアニル酸を主たる味とした旨味に親しんでいます。旨味漬けになっていると言ってもいいかもしれません。そして知らず知らずにこれらの味の源がないと落ち着かなくなります。

旨味は日本人によって発見され、日本の食文化特有の味と思われがちですが、じつは世界中に旨味を作る調味料は存在します。タイのナンプラー、ベトナムのニョクマムのような魚醤は、タイ料理、ベトナム料理には欠くことのできない発酵調味料です。イタリア料理に使われるパルメジャーノという硬いチーズは所々に白いグルタミン酸の結晶が斑点のように見えます。すりおろしたパルメジャーノはパスタにかけるだけではなく、イタリアンの味付けには必需品です。中華料理の味の決め手になるのは豆鼓(とうち)や醤(ひしお)ですし、金華ハムなどの発酵調味料のほか、牡蠣(かき)の干物を作る際に出る煮汁を濃縮したオイスターソースなど多種多様です。これらの旨味成分に共通するのがグルタミン酸です。お国は違えどもそれぞれの民族にとっては、ほっと安心できる味なのです。

よく慣れた味から隔離されると無性にその味を求めるようになります。海外に長く旅行すると醤油の味が恋しくなるのはこのためです。日本で洋食を毎日食べてもそれほど日本の味を求めなくてすむのは、洋食自体にグルタミン酸やイノシン酸の味を持った調味料、醤油などが使用されているからです。

ヨーロッパなどで全く違う系統の味を連続して食べた時の違和感は、日本では起こらないと思ってもいいでしょう。つまり形や見かけは外国の料理でも、日本でよろこばれる料理はやはり、隠し味に使われる醤油や味噌、味醂、鰹節といった発酵食品が作り出す日本的旨味を主力とする味が支えているからです。

◎おわりに

「発酵」という言葉から酒や味噌、醤油、チーズやヨーグルトなど、食に関するごく狭い分野をイメージする人も多いと思います。

私が『読売新聞』地方版コラムをお引き受けしたのは、もっと大きな視点から「発酵」とそれにかかわる微生物の多面的な営み、仕事ぶりを多くの人々に知っていただきたいと思ったからです。

発酵食品だけでなく環境、医療、健康、農業にも大きく関与している微生物の世界を覗(のぞ)き見ていただけたでしょうか。

私たちの生活は目に見えない無数の微生物の犠牲のもとに成り立っています。これだけ多くの恩恵を受けているにもかかわらず、人々は意外に水や空気のように微生物に対して無関心のように見えます。

私は微生物そのものを生業(なりわい)としている者として、これからも菌を大切にする人のために働き、これを活かす人のために情報を発信していきたいと思っています。

序章で菌のお墓「菌塚」についても書かせていただきました。目に見えないものでさえ供養するという行為は、日本ならではの文化であると思います。人は自分の力だけでは生きていけないことを理解し、陰で支えてくれるこの小さな巨人たちにも目を向けることができたなら、我々の未来も明るくなると信じています。

本書を脱稿するにあたり一言申し述べます。この本の出版は元ラジオ関西のパーソナリティー早咲美智代さんが、拙文をまとめ上梓するように勧めてくれたのがきっかけでした。それを快諾いただいたワニ・プラスの佐藤寿彦社長には、心より御礼を申し上げます。

多くの人たちに理解いただくためにできるだけ平易に分かりやすく解説したつもりです。10年ひと昔で当時の新聞のコラムや雑誌のエッセイが令和のいま、思いがけない展開をしている例もあり、追補として加筆・修正いたしました。

最後に本書をまとめるにあたり絵心のある私の娘、友維にも助けられました。皆様に心より感謝いたします。

２０２１年　立冬

今野　宏

この本をまとめるにあたり多くの諸先生方の著作物、論文を参考にさせて頂きました。
この場を借りて厚く御礼申し上げます。

主要参考文献

村上英也編著『麴学』日本醸造協会（1986）
小崎道雄・椿啓介『カビと酵母』八坂書房（1998）
小崎道雄・石毛直道『醗酵と食の文化』ドメス出版（1986）
一島英治『発酵食品への招待』裳華房（2006）
一島英治『酵素の化学』朝倉書店（1995）
上田誠之助『日本酒の起源――カビ・麴・酒の系譜――』八坂書房（1999）
北本勝ひこ『和食とうま味のミステリー』津出ブックス（2016）
北本勝ひこ『醸造物の機能性』日本醸造協会（2007）
小泉武夫『発酵』中公新書（1997）
小泉武夫『麴カビと麴の話』光琳（1994）
宮治誠『カビ博士奮闘記』講談社（2001）
中野政弘『カビへの招待』研成社（1990）
藤井建夫『魚の発酵食品』成山堂書店（2000）
ポール・ド・クライフ『微生物の狩人』岩波文庫（1980）

鈴木昭憲・荒井綜一郎『農芸化学の事典』（２００３）
山田昌雄『微生物農薬』全国農村教育協会（２０００）
山口英世『真菌（カビ）万華鏡』南山堂（２００５）
日本味と匂学会編『味のなんでも辞典』講談社（２００４）
塩野米松『もやし屋』無明舎出版（２０１３）
小林達治「根の活力と根圏微生物」農文協（１９８６）
小林達治「光合成細菌で環境保全」農文協（１９９３）
バーナード・ディクソン『ケネディを大統領にした微生物』
　シュプリンガーフェアラーク東京（１９９５）
岸國平・大畑貫一『微生物と農業』全国農村教育協会（１９８６）
Suzanne Grevesen, Jens C.Frisvad, Robert A.samson「Microfungi」Munksgarnd（１９９４）

今野 宏（こんの・ひろし）

1956（昭和31）年、秋田県生まれ。株式会社秋田今野商店代表取締役社長。日本農芸化学会東北支部参与。日本生物工学会北日本支部委員。1980年、東京農業大学卒業・農学博士。オランダ・デルフト工科大学微生物研究所留学（1983〜86）、株式会社真菌類機能開発研究所研究部長（1994〜2000）、日本菌学会理事（2013〜16）、特許庁長官賞（2010、2017）、糸状菌遺伝子研究会技術賞（2014）、秋田大学理工学部非常勤講師（2016〜20）。共著に『キノコの世界』（朝日百科）、『大豆の栄養と機能性』（シーエムシー出版）がある。論文多数。

じつは私たち、菌のおかげで生きています

種麹屋さん4代目社長が教える、カラダよろこぶ発酵と微生物の話

2021年12月10日　初版発行

著者	今野 宏
発行者	佐藤俊彦
発行所	株式会社ワニ・プラス 〒150-8482　東京都渋谷区恵比寿4-4-9 えびす大黑ビル7F 電話　03-5449-2171（編集）
発売元	株式会社ワニブックス 〒150-8482　東京都渋谷区恵比寿4-4-9 えびす大黑ビル 電話　03-5449-2711（代表）
イラスト	今野友維
装丁	新 昭彦（TwoFish）
DTP	株式会社ビュロー平林
印刷・製本所	中央精版印刷株式会社

 ISBN 978-4-8470-7104-1
ワニブックスHP　https://www.wani.co.jp